フェイク
ニュース時代の
科学リテラシー
超入門

サイエンス作家
竹内 薫

ディスカヴァー
携書
25

はじめに

ほどほどに混雑した電車の中。無意識にポケットからスマートフォンを取り出し、アプリをひらき、最新のニュースをさらりと眺めて確認する。

なるほど、生成ＡＩの進化がどうやらすごいみたいだ。今度使ってみよう。新型コロナウイルスの変異がまた出てきたのか。気をつけないと。メキシコで宇宙人のミイラを発見？　どうせ偽物だろうけど、夢あるなー。

このように、みなさんは日々、何気なくニュースをチェックしているはずです。その中で、きっと「科学ニュースを読もう」と意識している人はあまりいないでしょう。例に挙げたこの3つのニュースは「科学」にまつわるものです。実は、**科学に関する情報は、つねに私たちのまわりにあふれています。**

書店でも「科学的に証明されている」「科学的に正しい」とうたった書籍がたくさん並び、「エビデンス」という言葉も近年、当たり前に使われるようになりました。「それ、エビデンスあるの？」という投げかけを会議の場で耳にしたり、SNSで見かけたりしたことがあるのではないでしょうか。エビデンスとは主張の理由となる根拠や客観的な裏付けのことで、時に「科学的根拠」を指して使われます。

さて、ここで質問です。

「**科学的に正しい**」という言葉に、みなさんはどんなイメージを持ちますか。なんとなく、「科学的に正しい」のお墨付きがあれば安心！　100％正しくて、疑いの余地のないものだと考えるのではないでしょうか。

しかし、これは「科学」を素朴に捉えすぎているんですね。

「科学的に正しい」は100%正しい。「科学」は万能である。意識的に科学に触れる機会が少ない人こそ、こういった考えを持ってしまいがちです。

ただ、よくよく考えてみると案外そうでもないぞ、ということが見えてきます。

「科学的に正しい」は、必殺技ではない

具体的な事例をもとに考えてみましょう。

1960年代後半、真鍋淑郎氏がスーパーコンピュータを使って地球温暖化のシミュレーションを完成させていました。ところが、「そもそも地球温暖化は起きているのかどうか」「地球温暖化が起きているとして、それは人間の活動のせいなのか」「二酸化炭素濃度が2倍になると、気温が2度上がるというのは本当なのか」といった点について、何十年も議論が続きました。

真鍋氏以外の科学者たちのコンピュータ・シミュレーションが、さまざまに異なる予測をしていたことや、エネルギー問題とのかねあいで、政治家がさまざまな発言をしたこともあり、真実がどこにあるのかわからなくなり、かなりの混乱が起きてしまったのです。

真鍋氏のシミュレーション結果が多くの科学者たちに受け入れられるのに約10年、そして、多くのデータで地球温暖化が裏付けられるには、さらに20年以上の時を必要としました。

もし「科学的に正しい＝最初から100%正しい」のだとしたら、なぜ科学の正しい知識を持っているはずの専門家の間で、意見が分かれるのでしょうか。正解があるなら、専門家同士で少し議論しあえば、意見もすぐに一致するはずですよね。

でも、そうはならなかった。それは**科学的に正しい＝最初から100%正しい、ではないからです**。それに、科学が万能であるならば、シミュレーションの結果が正しいかどうか何十年もわからない、なんてことも、起こらなかったのではないでしょうか。

もちろん、基本的なレベルの科学の話であれば、専門家によって意見が分かれることはそうそうないでしょう。でも、近年の科学の進歩はめざましく、新しい研究がどんどん行われていくなかで、どの意見が有力なのか、そうでないのか、検証が複雑になっているのです。

だから、「科学的に正しい」はすべてを一気に解決する必殺技にはなり得ない。そんなシンプルな話ではないんですね。

「反証可能性」が、科学とそうでないものを区別する

「複雑なのはわかったけど、じゃあ科学って何なんですか？」

「科学は簡単に信用できないっていう話ではないですよね？」

そんな声が聞こえてきそうな気がしますが、もちろん違います。

科学とは何かを語るうえで、「反証可能性」という哲学的なキーワードを紹介しましょう。

これはカール・ポパーという人が提唱した概念で、科学と、科学でないものを区別する基準を示しています。

ポパーの提唱した内容はこうです。

科学はつねに反証可能である。
それに対して、科学以外のものは反証が可能とは限らない。

科学においては「ある実験をした結果、ある理論が否定された、つまり反証が挙げられた」がつねに可能ということです。**絶対に反証できない理論があったとしたら、それは科学ではないんです。**

具体的にわかりやすいのは宗教、神様の話でしょうか。神様を信じている人に対して、証拠をいろいろ差し出して「神様はいない」と説得したとしても、相手は意見を変えませんよね。ある宗教を信仰している人にとって、神様は絶対的なものです。

それに対して科学は、どんなに権威のある科学理論であっても、決定的な反証実験が出てきたら、その理論はおしまい。ある意味、とても潔い性質を持っています。

この「反証可能性」という概念を知れば、きっと多くの人がなるほど確かにそうだよな、と思うのではないでしょうか。実際ほとんどの科学者が、この反証可能性を基準に科学に取り組んでいます。

それでも、自分の身の回りのことに置き換えたとたん、「科学的に正しい」と言われたら100%の保証があって安心、とシンプルに思ってしまう。

もちろん、科学的な根拠があるかどうかを確認して判断する姿勢は、とても大事なものです。

ただ**重要なのは、それが間違いだと証明する理論が出てきたときに、自分の中で情報を修正すること。アップデートしていくことです。**それが、この本のテーマである「科学リテラシー」を身につけることにつながります。

科学リテラシーで、この混沌とした情報社会を生き抜く

現代社会は、科学技術社会になりつつあります。これに異を唱える人はいないでしょう。

ＡＩに関するニュースは日々流れ続けていて、ＡＩの進化がいよいよ、私たちの仕事や生活に影響を及ぼしはじめています。また、２０２０年ごろから世界中を騒がせた新型コロナウイルスのパンデミックでは、情報が錯綜する中でいったいどう判断すればいいのか、かなり迷った人が多かったのではないでしょうか。

この社会がどんなふうに動いていて、これからどうなっていくのかを知るために

は、科学リテラシーが必須のスキルになります。**科学リテラシーがないと、ともすればフェイクニュースや陰謀論、ニセ専門家が流す間違った情報に惑わされてしまうんです。**

もはや、科学リテラシーなしに、この玉石混交の情報があふれる、混沌とした社会を生き抜くことはできません。

自分で自分の身を守るためにも、そして世の中のしくみを理解し、自分で正しいと思える判断をしていくためにも、みなさんにはぜひ、科学リテラシーを養ってほしいのです。

「私は根っからの文系人間だけど、それでも科学リテラシーって身につけられる？」
「もしかして、化学式とか覚えないとダメ？」
「なんだか難しそうだし、必要なときだけ専門家に相談すればいいんじゃない？」

そんなふうに考えてしまった人はいませんか？　でも、不安に思わなくても大丈夫です。**現代社会を生き抜いていくには、中学生レベルの理系の知識があれば、まったく問題ありません。**昔に習った気がするけどなんだっけな、と思ったら、子ども向けのわかりやすい本を1冊読むなり、インターネットで信頼できる情報を調べてみるなり、ほんの少しだけアクションを起こせば十分です。

そしていちばんお伝えしたいのが、自分の身を守るには、専門家やオピニオンリーダーまかせにしてはダメだということ。たとえば、ガイドと一緒に登山をしていて、そのガイドとはぐれてしまったら、自分で判断して動くしかないですよね。そんなときに山の知識を一切持っていなかったら、困ってしまうのは自分です。

何もそこで、ガイドと同じレベルの知識を持っている必要はありません。非常事態があったときに、自分の身を守り、適切な判断ができるだけの最低限の知識や視点を持つことを目標にすればいいんです。

また、科学リテラシーは、知識だけのことを指してはいません。**科学的思考力、すなわち「ものごとを深掘りして考えるくせ」も同時に必要です。**

たとえば、みなさんのもとに「メキシコで宇宙人のミイラが発見された」というニュースが飛び込んできたとしましょう。ちなみに、これは2023年に実際にあったニュースです。このニュースをちらっと見て、「**いやいや、ミイラはどうせ偽物だし、現実的に考えて、こんな宇宙人が地球で見つかるわけないでしょ**」と思うかもしれません。

一見すると冷静で、落ち着いていて、科学リテラシーがあるように見えるのですが、**これは科学的な態度とは言えません。**むしろ、こう考えてしまう人こそが、フェイクニュースにうっかりだまされてしまうことがあるのです。

本当に科学的思考力を持つ人だったら、すぐに判断をしないで、情報を少しずつ確認して、時間をかけて判断を固めていくんですね。

この本では、こうした「わかったつもり」「考えたつもり」をしないために、そして、私たちを惑わす情報であふれる現代社会を生き抜くために、科学リテラシーを身につけようというお話をしていきます。

第1章では、科学にまつわるエピソードをもとに、私たちが知らずしらずのうちに陥っている、**「科学への思い込み」を解き明かします**。科学に対して漠然といだいていたイメージが、大きくくつがえるかもしれません。ここで、科学的なものの見方とは何か、基本的な視点を身につけていきます。

第2章では、**身近な事例を挙げていきながら、非科学的な思考がどこにひそんでいるのかを紐解いていきます**。実際に何気なく信じていた情報が、実はまったくのでたらめだった、なんてこともあり得るのです。疑似科学やフェイクニュースに惑わされないために、ここでいろいろな事例を知ることを通して、科学リテラシーを鍛えましょう。

第3章では、**科学リテラシー、すなわち「科学の基礎知識と科学的思考力」を身につけるための方法や考え方を紹介します。**本の選び方から日常生活で意識するコツまで、私がサイエンス作家として専門家と交流したり、メディアで情報発信を行ったりするなかでわかってきた、具体的な方法をまとめています。

それでは、スマホのニュースをぼんやりと見るところから一歩進んで、科学リテラシーを手に入れるためのトレーニングを一緒にしていきましょう。

目次

思い込み3　専門家が言うなら正しい

第3章 科学リテラシーを鍛える習慣
——科学とどう付き合っていく？

「科学的思考力」は日常の中で鍛えられる

科学リテラシーを鍛える読書術

本書は、オーディオブックとしてAudibleで
2024年6月に配信開始された
『フェイクニュース時代の科学リテラシー超入門』を
再編集し、携書化したものです。
また、本書に記載された情報は執筆時点での状況に基づいています。

第1章

科学にまつわる「思い込み」の罠

——「科学的」って何？

科学の「スタンス」を知る

本章では、「科学的とはどういうことなのか」という基本の問いについて考えることで、私たちが自然と陥ってしまいがちな、科学に対する思い込みを解きほぐします。

ここでもっとも重要なキーワードになるのが「仮説」です。

「科学はつねに仮説である」が結論なのですが、これだけを言われてもよくわかりませんよね。科学の定義を踏まえながら、少しずつ解説します。

科学に対するシンプルで素朴な理解から抜け出して、フェイクにだまされないための視点を身につけていきましょう。

科学は哲学から生まれた

科学のことを理解するために、まず科学というものが、人間社会の中でどのように発展してきたのかを簡単に紹介しましょう。

科学は西洋で生まれましたが、いきなり科学として独立して出現したのではなく、**その起源は哲学にあります。**哲学というくくりの中で、さまざまな人がさまざまな疑問を考えた中から、現代の科学にあたるものが生まれていったというわけです。

たとえば古代ギリシアでは、博学として知られたエラトステネスが「地球の大きさはどのくらいあるのか」という疑問について考えるため、計測や実験を行い、かなり正確な数値を算出しています。彼は現代でいう数学、天文学、地理学の学者として活躍しました。有名なユークリッド幾何学も、同じく古代ギリシアの時代にまとめられたもので、それまでの幾何学の成果を体系化し、数学の発展に寄与しています。

長い時の流れを経て、科学が独立したのはガリレオやニュートンより後の時代です。ニュートンの時代には、現在でいう科学にあたるものは、自然哲学と呼ばれていました。ごく単純にいえば、「自然」の原理について「哲学」的に探究するから自然哲学です。科学の根っこには哲学があることは、こういった呼ばれ方からも示すことができます。

また、たとえば海外の大学で物理学・化学・生物学などの学問で博士号を取得すると、「Ph.D.」という称号を得られます。これは「Doctor of Philosophy」の略で、つまり哲学博士の称号がもらえるんですね。こういった事例からも、西洋では科学の根っこに哲学があることがわかります。

一方で、**日本における科学には、西洋のように深く基礎をつくる根っこのようなものがありません。**西洋では自然に対して、論理的に物事を解明していく強い姿勢がありますが、日本の場合は自然を論理的に分析するというより、どちらかというと「自然と一緒に生きる」思想が強かったからです。

現代でも、日本では多くの人がなんとなくそういう意識を持っています。自然に対する愛着があって、自然と共存しようという議論が何かと話題になりますよね。たとえば、2023年にニュースになった、神宮外苑の銀杏並木の伐採計画。都市計画がどうこうの前に、素朴に、木を切ってしまうのは良くないことなんじゃないか、と言う人が多かったのです。

これは論理的な話というよりは、どちらかというと気持ちの問題で、私にも共感する部分があります。銀杏並木だって100年も経てば立派な自然の一部。そんな感覚です。その自然をいじってしまうことに対する畏怖の念というのでしょうか。日本には八百万の神がいるとも言われていますし、自然に神が宿っている、そういった考え方がやはり強いのでしょう。

科学的思考が日本ではおろそかにされてしまうワケ

では、日本では「科学」がいつから始まったのでしょうか。それは明治時代です。1854年の開国以降、西洋のさまざまな科学技術が流れ込んできました。このとき、これまでずっと自然と共生してきた日本の人たちは、大変なショックを受けたと思います。西洋の考え方では、人間に役立つように、自然にどんどん手を入れていく。それを受け入れなければ経済が発展しないし、国力や軍事力もつかない。西洋の列強諸国を脅威に感じた明治政府としては、積極的に西洋の科学技術を取り入れていくしかなかったのでしょう。

日本語の「科学」という言葉は諸説ありますが、西周がつくったとされています。「科」は科目の「科」、あるいは百科事典の「科」で、細かく分類するという意味があります。つまり「科学」は細分化された学問という意味であり、明治時代の日本人が、西洋から入ってきた科学に対して感じた印象を表していますね。

西洋から科学を取り入れたことには、良い面も悪い面もありました。

良い面は、すでにある程度完成された形で科学を取り入れたので、すぐに応用ができたことです。蒸気機関をつくる、電気を通す、コンクリートダムを造るなど多くの科学技術の輸入がありましたが、自分たちで1からつくる必要がなくて、完成したものをそのまま使うことができたので、いろいろな分野への応用がスムーズだったのです。日本の急速な近代化は、こうして起こりました。

一方で**悪い面として、西洋の人々が長い時間をかけてつくりあげてきた科学の本質的な部分が、日本では根付いていないことが挙げられます。**先ほどお話ししたように、科学の根っこには哲学があることが、おそらく日本ではあまり認識されていないのです。そのためなのか日本では、「科学技術」という言葉がよく使用されます。おそらく、みなさんの中でも「科学」と「技術」はセットのイメージがあるのではないでしょうか。

西洋では、「科学」と「技術」はそれぞれ根っこにあるものが異なり、時代を経て融合し、「科学技術」の形になっている、という経緯があります。西洋の「技術」の根っこにあるのは、中世に発展したギルドに所属する、黙々と作業する職人たちの持つ技術です。日本ではそういった歴史の経緯もないので、「科学技術」とセットで認識されがちなのですね。

私たちは科学について「思い込み」をしている

そして、ここからが本章の本題です。日本では科学技術の完成品をそのまま輸入し、応用することで科学を取り入れてきました。だから科学というものの本質的な理解ができていないまま、科学を活用しているという状況があります。

それは「日本が」とか「科学者が」といった主語の大きな話ではなくて、科学の恩恵を受けて暮らす私たち個人にも言えることです。科学のことを本質的に理解しないまま、科学に囲まれて暮らしているのです。

科学はなんとなくすごいものだ、科学的に証明されたものは安心だ、そうやって深く考えずにいると、知らずしらずのうちに、非科学的なものにだまされてしまうかもしれません。そこには科学にまつわる「思い込み」が固く結びついています。

その思い込みを、この本では大きく3つに分類しました。

1つめが、「科学的に正しいことは、100%正しい」。

2つめが、「科学の力は万能である」。

3つめが、「専門家が言うなら正しい」。

それぞれを詳しく見ていきましょう。

思い込み 1

科学的に正しいことは、100%正しい

科学はつねに仮説である

この本の冒頭でも、科学哲学者カール・ポパーの提唱した概念である「反証可能性」を紹介しました。**科学はつねに反証が出てくる可能性がある。**つまり、ある主張について科学的に検証すると、くつがえる可能性がつねにあるという考え方です。

現代では、ほとんどの科学者がこの考え方に則って科学に取り組んでいます。

誰でも知っているニュートン力学や、アインシュタインの一般相対性理論について

も、当然ながら反証可能性はあります。少し前にも、素粒子の「標準理論」という現代科学の根底にある理論に対して、必ずしも正しくないのではないかと主張する論文が出ています。

理論上、「正しくないかもしれない」という可能性から始まって、「じゃあ実験してみよう」という人が出てきて、実験をした結果、もし反証ができるのであれば、その理論はくつがえされます。基準としては明確ですね。つまり、反証可能性があるということは、**100%正しい理論、絶対的な真実というものは原則として存在せず、科学の出す結論はつねに「仮説」であると言えるのです。**

ちなみに、過去にはポパーの提唱する反証可能性に異を唱えた人もいました。科学哲学者の、ポール・ファイヤアーベントです。もともとは天文学や数学、音楽などを学んでいましたが、のちに科学哲学に転向し、科学に対してアナーキズムを提唱しました。ざっくりいうと、科学はつねに反証可能性があるなんてことはなくて、もっとアナーキーなもの、何でもありなんだと言ったんですね。ただ、彼はものすごくおもしろい哲学者ですが、主流の考え方ではありません。

仮説がないと、高額な実験なんてできない

科学と仮説の関係性について、現実的な観点から「科学は仮説ありき」と説明することもできます。

ある科学者が、実験をしたいと思ったとしましょう。

科学者は、実験するための装置を組み立てる必要があります。昔の科学実験であれば自分の机の上にいろいろな道具を並べて、工作キットを組み立てるみたいに実験装置をつくっていたはずです。ところが現代の科学実験では、そんなに簡単に実験装置をつくることができません。

たとえば、高エネルギー物理学の実験をしたいと思ったら、「粒子加速器」が必要

です。それをつくるのには、1億円や2億円なんて金額では足りません。ざっくり言っても1000億円くらいの規模でしょう。その規模のお金をぽんと出してくれる人はいないので、当然、「この実験はこういう仮説を検証しようとしています」と説明が必要です。その仮説もなんでも良いわけではなくて、政府がお金を出してくれるような、おそらく正しいであろう、大きなインパクトのある仮説でなくてはなりません。

小さな規模で実験をするときも、その実験装置を組み立てる必要がある以上、まず仮説があります。いきなり適当に、実験装置を組み立てるわけにはいかないですよね。

読者のみなさんの中には「帰納法」という言葉を知っていて、「いろいろな現象がまずあって、それを観察することで、理論を組み立てていくのではないか」と考えた人もいるでしょう。もちろんパターンはいくつかあるのですが、何らかの目標がないと実験はできないので、まず仮説ありきになるんですね。

科学は仮説を立てることから始まるし、検証により導き出した結論も、あくまでも新たな仮説なのです。そして、**仮説の中でも、たくさんの専門家がひとまずは正しいと考えている「白い仮説」と、間違っているとされる「黒い仮説」があり、すべての仮説はその間のグレーゾーンを行き来しています。**

仮説にもグラデーションがある

では、科学者たちはどのようにして「ここまでいったら白い仮説だろう」「これは黒い仮説だ」と判断するのでしょうか。

まず、論文がどの科学雑誌に掲載されているかが、一つの判断基準になります。科学界で絶大な権威を持つ2大科学誌の『Nature』『Science』で発表された論文であれば、かなり「白い」と言えると思います。

『Nature』や『Science』には長い歴史があり、ノーベル賞に輝くような数々の論文が出ています。当然、審査も厳しいわけです。査読といって、その分野を専門とする科学者たちが論文を読み、掲載に値するかどうかを判断して編集長にコメントを返し、編集長が最終的に掲載を判断します。編集長も基本的には科学出身の人です。『Nature』や『Science』の場合は、査読のレベルが非常に高いので、どうでもいい論文は通らないのです。

ただもちろん、のちに取り下げられたり、反証が出てしまったりすることもあるので、掲載された時点では完全に白ではありません。かなり白い、くらいですね。発表された論文をもとに科学者たちが追試をするので、結果が再現できないこともあり得ます。その場合は、その仮説は徐々にグレーのほうに移っていって、本当に誰にも再現ができなければ、「あの論文は間違ってたね」と黒い仮説になっていきます。

逆に、誰も知らないような科学雑誌に論文が掲載されていることもあります。たとえば数名の科学者が集まって、自分たちで内輪の学会をつくり、そこで学会誌をつくれば、それは科学雑誌とは言えるわけです。ただ、その科学雑誌への掲載は競争率が当然低いので、そこで論文が発表されても、みんな最初からは信じません。だから、かなりグレーな状態の仮説と言えます。

ただ、たくさんの科学者の追試によって「この論文の言っていることは本当だ」と広まれば、それは白い仮説となっていく。もちろん、100年後に何か非常に細かいほころびが見つかる可能性もありますが、そうなるまでは白い仮説です。

白い仮説になったiPS細胞、黒い仮説になったSTAP細胞

グレーの状態から白い仮説に変わったもので有名なのは、iPS細胞です。2006年に山中伸弥教授が論文を発表した当初は、今からすると意外ですが、あまり注目されていませんでした。でも科学者たちが追試をしたら、結果が再現できた。こんな方法で細胞は初期化できるのかと、みんな驚いたわけです。一気に白い仮説になって

いったんですね。
逆に黒い仮説になってしまった例は、2014年に発表されたSTAP細胞です。論文が掲載されたのが『Nature』、著者の小保方晴子氏の所属が一流の研究所で、彼女の上司がES細胞の権威だったことで、発表当初は世界中の科学者がこの論文を信じていました。ところが、残念なことに誰も追試で再現できず、「あの論文は間違ってるんじゃないか」と一気に転げ落ちてしまいました。

実は、科学雑誌に載せる前の査読では、論文におかしいところがないか、論理的な整合性が保たれているかを主に見るので、実験をして確かめることはしません。実験して確認したほうがいいんじゃないかと思うかもしれませんが、査読は基本的にボランティアなうえに、最近の科学はおいそれとは実験ができないので、それは現実的でないのです。データが改ざんされている可能性ももちろんチェックはしますが、確認には限界があります。

つまり科学論文は、性善説のもとに掲載されているのです。**掲載された後に、世界中の科学者がその論文を読んで、追試が始まるという構造で成り立っているわけですね。**

「100%安全です」はあり得ない

ここまでお話ししてきたことからもわかるように、「100%白い仮説」は1つもありません。100%と言ってしまったら、それは反証がないことなので、科学ではなくなってしまいます。ところが、どうしても人は科学に100%を求めてしまうものです。

とくに最近の身近な事例でいうと、新型コロナウイルスのワクチンの副反応の話が記憶に新しいでしょうか。ワクチンに関しては、「それは100%安全なのか」という質問が多く寄せられます。科学者や医者はそれに対して、科学的な姿勢として、

「100%ということはありません」と答えます。

科学の基本的な考え方を知らない人からすれば、「なぜ100%と言い切れないのか」「100%と言えるまでちゃんと調べてほしい」と思ってしまうでしょう。その気持ちはわかります。ただ、**そもそも最初から、科学には100%はあり得ないんです。**

ワクチンの場合、実際にそのワクチンができた段階では、どのくらい効果があるのかも完全にはわかっておらず、その後の臨床試験で効果を確かめます。

まず試験に参加してくれる人を集め、ワクチンを接種してもらいます。その中でランダムに選ばれた半数の人はプラセボ（生理食塩水）を接種しているので、実際にワクチンを接種した人と、そうでない人の効果を見比べることができます。ワクチンを打った人々のほうがその病気にかからないことを示す数字が出て、効果があると判断されれば、ワクチンとして認可されるという流れです。

認可が下りたことで使う人の数が増えてくると、当初の臨床試験の効き目が本当だったのかが、さらに検証されていきます。大規模な人数に打ってみたら、意外と効き目がなかった、なんてことも当然あり得るのです。

そして、副反応がないかどうかは、厚生労働省が認可する前にもちろん確認します。たとえば、心臓の重篤な病気になる副反応が臨床試験で頻出するようであれば、そのワクチンは認可できません。

ところが、実際に大規模な接種が始まってみると、必ず一定の割合で副反応が出ます。ワクチンがそもそも、実際の病原体を弱くしたものや、その一部を体に打って、体が反撃するしくみになっているからです。

技術が進化してどんどん安全性は高まっていますが、それでも一定程度、副反応は起きるものなのです。また、予期していない副反応が起こることもあります。

「最初から副反応が起きるとわかっていたのに、どうしてワクチンを認可したのか」

と言いたくなる人もいるかもしれません。しかし、**そこは「数字」で判断するしかないのです。**

たとえば、そのワクチンを使わなければ１００万人が亡くなってしまう。しかし、そのワクチンを使えば、１００万人はほぼ助かるが、そのうち10人は副反応によって亡くなってしまうだろう。そういうデータが出てきたら、そのワクチンは認可されるでしょう。つまりこれも、１００％ではないという前提で判断しているのです。

その10人の命はないがしろにしていいのか。そういう意見が出ることは、もちろん心情的には理解できます。ただ、その10人の方々も、ワクチンがなければその感染症で亡くなっていたかもしれない。そう考えると、そもそも１００％安全なことはないのであって、ワクチンに副反応が発生するのは仕方ないと言うしかないのです。

気持ちとしては納得がいかない、受け入れられないと感じるのは当然です。ただ、それが公衆衛生の考え方です。だから副反応によって亡くなってしまった方のためには、国が補償する制度があります。

日本の場合、副反応の話では「子宮頸《けい》がんワクチン」、正確にいうと「HPVワクチン」の事例が特徴的です。世界の先進国ではかなり前からワクチンが普及していて、死亡者の数は激減しています。一方、日本では2013年6月から2022年3月までワクチンの推奨を取りやめており、だいたい年間1万人程度が子宮頸がんを発症し、約3000人が亡くなっています。

効果のある子宮頸がんワクチンを、なぜ日本だけ打たない時期があったのか。それは**副反応をマスコミが大々的に報道し、100%を求める国民の気持ちを煽り立ててしまったからです。**世論が、そんな危ないものはよせという方向に傾いてしまったんですね。厚生労働省は、世間の反対意見があまりにも強くなったことを受けて、一時的に接種の推奨をやめるまでに至りました。

ただ現在は、世界的な医学的見解として、子宮頸がんワクチンと、マスコミで報じられたような強い副反応の因果関係は証明されていません。子宮頸がんワクチン接種後に現れたという広い範囲の痛み、手足の動かしにくさ、不随意運動（体の一部が勝手に動いてしまうこと）は「多様な症状」と呼ばれていますが、この「多様な症状」は、ワクチンを打たなかった人にも起きていたことがわかっています。ワクチンの効果と必要性についても、日本産科婦人科学会が声明文を何度も出しています。

もちろん、因果関係が「絶対に」ない、と言うこともできません。もしかしたら一部の人は、ワクチンによる副反応が起きていたのかもしれません。ただ、統計的に見ると、子宮頸がんワクチンを打っても打たなくても、「多様な症状」は10代から20代くらいの若い女性に出ていたのです。

センセーショナルさを優先するマスコミ

子宮頸がんワクチンの接種を一時中断していた間に、どれだけの命が失われてしまったのでしょうか。実は私のいとこも、子宮頸がんで亡くなりました。まだ30歳で、幼な子を残して旅立ってしまいました。

ワクチンを接種した後に「多様な症状」が出た方々が、これには因果関係があるんじゃないかと思ってしまうことは否定できません。ただ、そこにマスコミが乗っかり、根拠のない話を大々的に報じてしまった。ちゃんとした科学リテラシーがある国なら、こんなことにはならなかったんじゃないかと、私は今でも思ってしまうんです。

もちろん海外でも、個人レベルでは、ワクチンのせいでこんな大変な症状が出た、と考える人は一定数いるでしょう。ただ、それをマスコミがセンセーショナルに取り上げて、結果的にワクチンが接種できなくなる状況は、少なくともほかの先進諸国ではありませんでした。

これは私の個人的な考えですが、海外の先進諸国はマスコミの科学リテラシーが高いです。一方で残念ながら日本は、「電波媒体」を中心に科学リテラシーが低いと思います。

テレビの仕事を長く、いろいろやらせてもらっていて感じることですが、現場に理系の人はほとんどいません。別に理系である必要はないですが、少なくとも理系の話に興味を持って、つねに科学雑誌に目を通している人が非常に少ない。これはジャーナリズムには必要なことだと思うのですが、残念ですね。

ただ、NHKやだいたいの新聞媒体は、科学ジャーナリズムが機能していると感じます。新聞の場合は科学環境部といったような部門があって、一定数、理系出身者がいるからでしょう。ただ、「だいたい」と言ったのはそうでない新聞社もあるからです。センセーショナルだけれど科学的にあり得ない記事を記者が書いてきたときに、きちんと止められるデスクがいないんだと思います。

子宮頸がんのような悲劇が今後起こらないためにも、マスコミを中心にして、**私たち全体の科学リテラシーを上げていく必要があるのです。**

思い込み 2

科学の力は万能である

科学でも、わかっていないことだらけ

科学のめざましい発展によって、私たち人間はいろいろな現象の原因を解明したり、新しい技術を生み出したりしてきました。デジタルデバイスで身のまわりを固め、一昔前には想像もつかなかったような便利な生活を送っています。

だから科学の力はすごい、万能だと思う人も多いかもしれません。ただ、実は科学の力でわかっていることと、わかっていないことの割合を考えると、わかっていないことのほうがおそらく圧倒的に多いのです。

まず身近なところでは、**「生命の起源」はわからないことだらけです**。約40億年前、おそらく海の中で誕生したと言われていますが、具体的にどうやって最初の生命が生まれたのかはいまだ謎なのです。

生命の起源を探るために、これまでに多くの実験が行われてきました。たとえば、分子が集まって何か膜のようなものができたら、それは細胞の起源かもしれない、とかですね。ただ、いろいろと仮説を立てることはできますが、その仮説を証明するためには、生命をゼロからつくる必要があります。仮に実験で膜のようなものができたとして、それが生命として認められるものになるのに、大変な時間がかかるはずです。実際に生命が生まれるまでに何億年もかかったとするなら、ごく単純に考えて、実験でも同じくらいの時間が必要なわけですから。

人間の**「意識の正体」**も謎に包まれています。人の心が、意識がどこから出てきているのか、今のところ誰にも説明できません。私も、読者のみなさんも、今まさに意識がありますよね。でも、脳がどうやってこの意識をつくりだしているのかが、わからないのです。

それと関連した有名な問題が、「クオリア」です。クオリアというのは、人間が感じる質感のことを指します。たとえば、色とりどりのルービックキューブが目の前にあるとしましょう。このキューブは青っぽく感じる。このキューブは赤っぽく感じる。あるいは、ツルツルしている感じ。この感覚が、どのように生じているかはわかっていません。ただおそらく、人間の意識とクオリアは、密接に関連していると思われます。

人工知能には、このような「っぽい」という感覚はありません。人工知能はあくまでもパターン認識などによって画像処理を行い、対象を把握します。人工知能に赤いキューブを見せれば「赤」と判断しますが、これは単純に波長の長さをデータとして見ているにすぎません。人工知能には意識、自我がないので、「赤っぽい」と感じることができない。自我があって、「私」があって初めて、「赤っぽい」と感じることができるのです。

私たちの脳もデータ処理をして「赤」というものを判断しているはずです。ただ不思議なのは、そこから先にいったいどのような脳の動きがあって、赤「っぽい」と感じるのか。あるいは、それを感じている私というものが、どこから出てきているのか。**これだけ科学が進んでいて、脳科学者が大勢いるのに、私たちは自分の意識の正体にすら近づけていないんですね。**

ちなみに、人工知能の研究者の中にはかなり楽観的な人もいて、その人たちは近い将来、人工知能に意識や自我を植えつけることは可能だと言っています。ちょっと怖いですよね。

ただ、外から見て自我の有無をどう判断するのかは難しい問題です。というのも、私たち人間同士でも、他人が自分と同じように自我を持っている、クオリアを持っている、意識があるとは証明できないからです。人間の頭を開いて、脳を解剖してもわかりません。調べようがないんです。

このように、どんなに科学が進歩しても、解明できていないことはこの世界にたくさんあります。**科学はあらゆることを解明できる万能ツールではないんですね。**

謎に包まれていることが多い事例として、宇宙についても取り上げてみましょう。

宇宙には「何かわからないけど、何かがある」

「宇宙」のことを私たちはどのくらい知っているでしょうか。

実は、宇宙の中で私たちが知っている物質は5％程度しかありません。というのも、宇宙には正体不明の「ダークマター」という物質と「ダークエネルギー」があり、それが宇宙空間のおよそ95％を占めているのです。

おもしろいことに、**「ダークマター」とか「ダークエネルギー」は目に見えないにもかかわらず、それらが存在することは、現代の科学で推測できます。**アインシュタインの一般相対性理論をもとに宇宙についてコンピュータでシミュレーションをして、観測結果と照らし合わせればわかるんですね。

たとえば、銀河系は渦巻みたいに回っていますが、われわれが知っている物質の重さなどの情報を使って計算すれば、銀河系がどういう回転速度で、重力がどれぐらいだから、どういう形になる、と理論上の予測ができます。それが、実際に観測できた結果と食い違うことで「見えないけど、ここには何かがある」とわかるわけです。なんと、ダークマターがないと、銀河系は遠心力でバラバラになってしまうはずなのです。

ダークエネルギーも同じで、何か宇宙を膨張させるエネルギーがあることはわかるのですが、それが何なのか、なぜそんなものがあるのかは判明していません。正体不明のストーカーみたいで、怖いですよね。

科学の発展によって、一般相対性理論や量子力学といった強力な理論が出てきました。私たちの身近な領域では、それが正確であると確かめられつつあります。ただそれを宇宙に適用してみたら、「わかっていないことがたくさんある」ことが、わかったというわけです。

万能と思われた理論にさえ、生じた限界

宇宙に関していうと、アインシュタインが出てきたことで、ニュートン力学の限界が見えたという経緯があります。たとえば、ブラックホールは実際に存在することがわかっていますが、ニュートン力学だけではその存在が予測できませんでした。でも、アインシュタインの一般相対性理論を使うことで予測が可能になったのです。

ニュートン力学は、長い間「最終理論」、つまり宇宙についてすべて説明できる理論だと考えられていました。そのニュートン力学でさえ、万能ではなかったということです。

ある範囲では確かにうまくいく。でも、どこかに限界がある。適用範囲を超えたところでは、別の理論が必要になる。科学はそうやって、発展してきました。

もちろん、ニュートン力学がすべて間違っていたという意味ではありません。ニュートン力学も、ある範囲では使われています。たとえば、ＪＡＸＡが宇宙探査船を飛ばすとき、軌道計算に使っているのはニュートン力学です。一般相対性理論は使われていません。

アインシュタインの一般相対性理論のほうが適用範囲が広いなら、そちらを計算に使えばいいと思うかもしれません。ただ、それだと計算が複雑すぎて大変で、終わらないんです。そこで一般相対性理論の近似をしてもう少し簡単な方程式にして計算することになるのですが、その簡単な方程式こそが、ニュートン力学の方程式なんですね。だから結局、探査船の軌道は、ニュートン力学を使って計算するというわけです。

発想の転換が必要な仮説は、なかなか受け入れられない

アインシュタインの相対性理論には、ほかにもおもしろい話があります。1905年に発表された相対性理論ですが、長い間、科学者たちに受け入れてもらえませんでした。**発想の転換を迫る理論なので、人々が頭を切り替えるのに時間がかかったのです。**さらに、アインシュタインがノーベル賞をもらったのは1922年（1921年度の受賞）でしたが、相対性理論ではなく量子論の業績による受賞でした。

どうしてそんなことになったのか。ノーベル賞の選考委員の中に、1921年の時点でもまだ、相対性理論を信じていない物理学者がいたからです。そこで苦肉の策として、相対性理論でノーベル賞を出すのは諦めよう、みんなが認めている量子論の業績でノーベル賞を出しちゃおうという話になったのです。

最近の例でいうと、2020年のノーベル物理学賞を受賞したロジャー・ペンローズのブラックホールについての論文は、1965年に発表されたものです。論文が出てから半世紀以上経ってからブラックホールの画像化が成功し、ブラックホールの存在が証明されたことで業績が評価されました。複雑なデータ解析をもとに画像を訂正していく技術を使ってやっと、誰もが納得する形で存在が証明できたんですね。

とくに最近は研究が高度になっているので、ノーベル賞をもらうためには、何十年、場合によっては半世紀待たないといけない。長生きしないとだめなんですよ。

論文が出せたからといって、その後「白い仮説」にもっていくには、かなりの時間がかかるんですね。

100年近くも続く「ピッチドロップ実験」

時間がかかるといえば、「ピッチドロップ実験」というユニークな実験があります。もっとも有名なのが、オーストラリアのクイーンズランド大学で、トーマス・パーネル教授が1927年に始めた実験です。その実験では、ある「しずく」が落ちていくようすを観察します。ただじっと見ていても何も起きないのですが、何十年と実験装置をそのままにしておくと、徐々にしずくが落ちてきます。8滴目が2000年に、ビーカー交換時の事故によって9滴目が2014年に落ちており、これまでにだいたい8年から12年に1回、落下してきました。

ピッチとは、粘性が非常に高くて固体に見える液体のことです。この実験によって、固体のように見えるけれど、本当は液体なんだとわかるわけです。

なんでこんな実験を続けているか、不思議ですよね。おそらく科学実験とは何かを問いたいのでしょう。あとはユーモアもあるんだと思います。実際、ノーベル賞のパロディであり、「人々を笑わせ、考えさせる研究」に対して授与されるイグノーベル賞を受賞しています。**いち科学者の人生だけでは足りないほど時間がかかる実験もある**という、おもしろい例です。

ただ、これが10年前後に1滴じゃなくて、1万年に1滴だったらどうするか。誰も結果を見届けられませんよね。科学の解明はこうした時間の制約もあります。先ほど紹介した、生命の起源の解明も同様です。その意味でも、科学には限界があると言えるでしょう。

全身麻酔のメカニズムは、長年解明されていなかった

私たちの身近なもので、実は長年メカニズムが不明で、最近解明が進んでいるものがあります。それは、「全身麻酔」です。**なぜ全身麻酔をかけると意識がなくなるのか、長いあいだ、しくみがわかっていなかったんです。**驚きですよね。

この薬を使うと、意識がなくなることはわかっている。これまでうまくいっているから、次もおそらく大丈夫。そうやって全身麻酔は使われてきていたので、実は麻酔が切れて目が覚める保証なんてどこにもない、とも言えるんですよ。

これまで全身麻酔のメカニズムとして、神経細胞の表面にあるたんぱく質に作用している説と、細胞膜の脂質二重膜に作用している説に大きく分かれており、論争が続いていました。２０２０年になってこの2つの説をつなぐ重要な論文が出て、麻酔にかかるメカニズムが解明に近づいたと話題になりました。

全身麻酔の歴史は200年以上あります。世界で初めて全身麻酔に成功した記録が残っているのは、１８０４年に日本で行われた乳がん手術です。西洋では、１８４６年にアメリカで行われた全身麻酔手術が、公開手術として初めて成功をおさめました。

それ以降科学の進歩とともにさまざまな改良が加えられていき、現在の全身麻酔技術に至るわけですが、そのメカニズムは解明されておらず、科学者の間でも議論が分かれていたのですね。こういった例からも、科学が万能ではないことがわかると思います。

メカニズムを解明するのが科学、うまくいくなら使ってみるのが医学

実は、全身麻酔の例からもわかるように、科学と医学はスタンスが異なります。**医学はメカニズムがわからなくても、この薬や治療法でうまくいくなら実行しようと考えます。**要するに、病気が治ればそれでよいわけです。過去の実績から大勢の人がこの治療で治るとわかっているのに、「メカニズムがわからないからやめておこう」と言っていたら、治せる病気も治らないですよね。

技術の話も似たようなところがあって、完璧に科学の基礎から始めて、しくみがわからなくても、やってみたら車が動くし、飛行機が飛ぶ。それならそれでいいと考えるんですね。もし事故が起こったら、原因を取り除いて、少しずつ改良していくと。

一方で科学は、なぜこの薬が効くのかを解明しよう、飛行機事故が起こった根本の原因を追究しようというスタンスです。これが医学や技術と、科学の大きく異なる点です。

医学こそ「100%」から遠い世界にある

読者のみなさんとしては、自分の健康を預ける医学こそ「100%安全」「メカニズムも含めて全部わかっている」ことを求めたくなるかもしれません。ただ、医学は科学の基準からすると、かなり甘いと言えます。

たとえば、クリニックで内科の診察を受けるときのことを思い返してみてくださ い。その際には問診が中心で、毎回必ず精密検査を受けるわけではありません。それでも、診断はしてくれる。つまりそれは、100%正しい診断とは言い切れないですよね。

それに、精密検査をしても診断を間違えることはあります。**医師の頭の中にあらかじめ「この症状とこの症状が出ているなら、この病気だろう」という仮説があって、それにあてはまるかどうかで判断されるからです。**いろいろな仮説が頭の中に入っている医師なら珍しい病気にも気づいてくれますが、頭の中の仮説が少ない医師にあたってしまったら、大変な病気だったとしても気づかれずに「風邪ですね」と言って帰されてしまう。

実は医学は、科学とはまた違った意味で、「100%」からかなり遠い世界にあるのです。

「0か100か」の思考は人間社会を崩壊させる

医療事故や、技術的な事故はどうしても完全に防ぐことはできません。飛行機だって落ちるし、インターネットのサーバーもダウンする。ワクチンの副反応の事例もそうです。

ただそこで、100%安全じゃないから、メカニズムがわかっていないから、すべて使うのをやめるとなると、おそらく人間の社会は崩壊してしまうのではないでしょうか。科学技術というものが、存在できなくなるからです。

世の中には科学でも解明できないことはたくさんあるし、100%安全と言えないこともたくさんある。それでもみんなで相談しながら、うまく使っていくしかありません。

大事なのは、リスクをどう見積もるかです。その際に注意してほしいのが、見積もりは定量的に、つまり数値をもとに行うこと。割合や確率を一切見ずに、0

か100かで論じられてしまうケースが非常に多いんです。

0か100かの思考でいるとどうなるか。ロケット打ち上げに一度失敗したら、ロケットはやめましょう。自動車事故が起こったから、自動車は禁止にしましょう。もちろん自転車も禁止。公園の遊具で子どもがケガをしたから、遊具はぜんぶ取っ払いましょう。こんなことをしていたら、何もできなくなっちゃいますよね。でも実際にこのようなことが、いろいろなところで起きています。

ドイツの「脱原発」はリスクのバランスをうまくとっている

2023年、ドイツが「脱原発」をしたことが話題になりました。これも、リスクをどう考えるかの話ですね。原子力発電、火力発電、再生可能エネルギーのリスクをそれぞれ考えたうえで、今のところ、原子力発電をやめる結論を出しています。

ドイツは、相当強くリスクのことを考えています。というのもヨーロッパの場合、送電線がヨーロッパ中でつながっています。そのため、たとえば原子力発電をやめて再生可能エネルギーだけにした場合でも、電力が足りなくなればお隣のフランスなどから電気を輸入できるのです。一方で、天候が良く、たくさんエネルギーができて余っているなら他国に売ることもできます。そのやりくりが、1日とか1週間といった単位で行われています。そしてドイツがすごいのは、結果的に輸出のほうが多くなって、儲けていることです。

ドイツの脱原発をめぐって、SNS上では時々論争が起こっています。「ドイツは脱原発したが、フランスから電力を融通してもらっているからできる」という意見に対して、「ドイツはフランスをはじめヨーロッパに電気を多く輸出している国だ」という反論がなされることが多いです。

たしかにドイツが電気の輸出国であるのは事実ですが、それは1年とか大きな単位で見たときの話です。でも、冬場の電力がいちばん消費される時期には、自国だけでは電気が足りなくなるのです。大事なのはリアルタイムに国家間で電気の融通がしあえて、それがセーフティネットになっていることなんですね。だから、議論としてはかみ合っていないわけです。

ここで私がみなさんにお伝えしたいのは、**リスクを考えるときにはひとつの面だけを見てすぐに判断せずに、いろいろな面から見て、深く背景を知ろうということです。**

原子力発電をやめて、再生可能エネルギーの割合を増やすのはセーフティネットがあって初めてできる政策です。原発における安全面のリスク、将来世代へ大きな負担を強いるリスクと、実際の経済にかかるリスクのバランスをうまくとって、ドイツは現状、脱原発を完了させました。

ただ、これをそのまま日本にも当てはめることはできません。日本は島国で、海外と送電線がつながっておらず、ドイツのように他国から電力を融通してもらうことができないからです。つまり再生可能エネルギーの比重を上げたときの、セーフティネットがないんですね。現状、日本ではほとんどの原発が稼働していませんが、エネルギーの約7割を火力発電で賄っています。

しかも、これから再生可能エネルギーを増やしていくとすると、実はその分だけ、火力発電所も増やしていかないといけません。いったいどういうことでしょうか。

再生可能エネルギーは気候に左右されるため、供給が不安定です。だから再生可能エネルギーで足りないときは、ほかの方法で電気をつくる必要があります。結局、そのバックアップになるだけの火力発電も必要になってしまうんです。脱炭素とは逆行する動きになってしまいますよね。

また、再生可能エネルギーについては現状、コストがかかり、電気代が高騰する問題があります。ロシアがウクライナに侵攻したことを受け、ドイツはロシアの天然ガスへの依存から脱却するため、再生可能エネルギーの割合を増やすことを決めました。2023年には原発も止めてしまったので、これから電気代がおそらく高騰していくと思われます。

日本も2024年2月現在、電気代が大変なことになっています。これはなぜかと言えば、火力発電の燃料の値段が上がったから。そして、その価格高騰をうまく吸収できなかったのは、原子力発電を止めているからです。

これは、最適解を見つけるのがとても難しいテーマです。

データにすぐに飛びつかない

深く背景まで考えるという意味では、ドイツの脱原発は本当にいい例です。

ドイツは電気の輸出で儲けつつ、脱原発、きれいなエネルギー政策のアピールをしています。でも実は、とくにフランスの原子力発電をセーフティネットとして使っているし、火力発電の割合もなかなか減りません。かなり巧妙な広報活動です。

フランスからしたらふざけるなという気持ちでしょうね。フランスでは7割近くを原子力発電で賄っていますが、ドイツは「フランスの電気は汚い、自分たちの電気はきれいだ」と触れ回っているわけですから。

さてここまで、科学は万能ではないというテーマから、科学にだってわからないことや限界はある、そのリスクのバランスをうまくとって考えようという話をしてきました。

ここでお伝えしたいのは、深掘りをして考えていくことの重要性です。それらしいデータがあっても、短絡的に飛びつかない。データがあるといろいろな人がいろいろなことを言いますが、本当にそうなのかなと、自分で考えてみましょう。

データを知っているだけでは意味がなくて、それを踏まえて科学的な視点で考えようとするくせが、科学的な思考力につながるのです。

思い込み
3

専門家が言うなら正しい

「宇宙物理学者」は「宇宙開発」を語れるのか?

この3つめの思い込みが、いちばん強いものかもしれません。

専門家と一口に言っても、それぞれ専門分野は詳細に分かれています。たとえば新型コロナウイルスや、ワクチンについてもあらゆる専門家がいたのではないでしょうか。研究所や大学で感染症を専門に研究している科学者や医者。感染症のコンピュータ・シミュレーションの専門家。社会学的な観点から研究する専門家。公衆衛生学の専門家。専門家と言われる中でも、どの領域の専門なのかをその都度、意識して発信を受け取る必要があります。

専門領域を注意深く確認する。これは医学以外の分野でも言えることです。たとえば「宇宙開発」。これについて意見を述べている専門家が「宇宙物理学者」だったら、宇宙開発に詳しいに違いない、と思ってしまうのではないでしょうか。

ところが宇宙物理学といっても、範囲が非常に幅広いのです。たとえば宇宙物理学の中の宇宙論という分野では、アインシュタイン方程式を使って、この宇宙がどういうふうに始まって、どうやって発展して、どうやって終わっていくのかを計算します。この分野の専門家は宇宙を扱ってはいますが、ロケットの飛ばし方については専門ではありません。

宇宙開発となるとほとんどエンジニアリングの世界なので、使う方程式も違ってきて、ニュートン力学の方程式を使っています。もちろん、宇宙論も、宇宙開発も両方とも詳しい人は稀にいると思います。ただ、「宇宙」という言葉がついているからといって、宇宙について何でも知っているとは限らないんですね。

医者だからといって、本当に専門家とは限らない

新型コロナのパンデミックのときに散見されたことですが、感染症関連の専門家たちは、当然ながら自身の仕事が大変になったり、国の会議に招聘されたりして、非常に忙しくなります。すると、なかなかマスメディアに出演できないということが起こります。

そこで専門家のコメントがほしいマスコミは、もともと知り合いの医者に声をかけたりするんです。でもその医者が、感染症に対して専門的な知識があるとは限らない。それぞれ専門領域があるのが当たり前なので、**医者だからといって、全員が感染症に詳しいわけではないんですね。**

また、たとえば1万人の医者がいたとして、中には1人くらい、おかしな治療法を

提唱してしまったり、民間療法にのめり込んでしまったり、お金のためにたいして効果のない治療法をおすすめしてしまったりする人も、いないことはない。だから、医者というだけで意見を全部信じてしまうのは、とても危ないことです。

新型コロナウイルス関連では、論文や統計データの読み方についても解釈が分かれました。医学的な統計は非常に複雑なので、残念ながら数学やグラフに弱い医者が、「新型コロナウイルスワクチンを打つと、新型コロナウイルスにかかりやすくなる」などと、間違って統計データを読んでしまったケースもありました。これは因果関係をめちゃくちゃにして読んでしまっているのですが、因果関係、相関関係については第2章で詳しく紹介します。

本当の専門家を見分ける方法

どの分野であれ、本当にその分野を専門にしている人たちは、誰が専門家で、誰が専門家でないのかちゃんとわかっています。ただ、それは私たちのような専門家でない人には伝わりにくい。さらに、本当の専門領域でない人もざっくりと「専門家」といってテレビに呼んだりするので、そこで混乱が生じているのだと思います。

だから、テレビに出ているから本当の専門家だと判断できるわけではありません。以前、私がテレビに出演したとき、軍事兵器の専門家だという人と共演をしたことがあります。そのときにミサイルとロケットはまったく別物だという話をしていて、驚きました。

物理学をやっている人間からすると、頭の部分に兵器をつけるとか、軍事兵器として使うとかの違いは当然ありますが、ミサイルとロケットは原理的には何も変わりません。ミサイルを飛ばす技術も、ロケットを飛ばす技術も基本的に同じです。軍事兵器の専門家を名乗る人が、このことを知らないようで本当にびっくりしました。こういうことがあるので、**テレビに出ている＝専門家とは言い切れません。**

テレビには理系出身の人が少ないという話はすでにしましたが、だから専門家の中でも信頼性の低い人や、専門領域の異なる人を呼んでしまったりします。「あの人はちょっと危ないよね」という感覚がないわけですから。

テレビに関して言えば、科学関係ではNHKがいちばん安心です。『サイエンスZERO』などの番組をつくっていますし、理系で修士号、博士号を持った人が科学・環境番組部には半分くらいいるからです。

まとめると、情報が正しいのか判断するために、まずは**その専門家の肩書きをきちんと確認しましょう**。たとえば、国立感染症研究所の現役研究員という肩書きであれば、まず感染症の専門家と言えるだろうと判断できますよね。

難しいのは大学の先生です。大学は非常に数が多いので、信用していいのか疑わしい先生が紛れ込んでいる可能性も、正直、ないとは言えません。それはいろいろなニュースを見るなど総合的に考えて、判断していくしかありません。判断の目を養う方法は、第3章で詳しく紹介します。

国によって感染症への対応が異なるのはなぜ？

新型コロナウイルスについては、専門家によって意見が違うどころか、国によっても大きく対応が異なっていました。

これには、**為政者の科学リテラシーが大きく影響しています。**当然どんな国でも専門家がいますが、それでもやはりトップが大きな方針を決めたら、全体としてはそれに従わざるを得ない面があります。そうすると、トップが科学リテラシーを持っているか、科学的思考力を持っているかどうかは、国の政策に反映されざるを得ません。

ブラジルの大統領は、新型コロナウイルスを「ただの風邪」と言い、ワクチンは打たないと表明しました。しかし結局、本人が感染してしまい、大騒ぎになったわりですね。

でもこれは、ある意味仕方ないのかもしれません。国のリーダーを選ぶときに、科学リテラシーを問うことがあまりないからです。

ワクチン接種に対するスタンスも、国によって大きく異なっていました。たとえばイスラエルは世界の中で先駆けて、ワクチン接種を積極的に進めました。イスラエルでは国民の医療記録をデータ化して管理しており、そのデータをファイザー社に提供することを条件に、ワクチンのいち早い確保を行ったのです。ある意味、これは大規模な人体実験ですよね。実際にほかの国々は、イスラエルの接種状況を見ながら自国の対応を進めました。

もちろん、事前に合意があることと、動物実験で安全性が確かめられていることが前提です。科学の世界では確立された流れに則っており、問題のあることではありません。それを踏まえてイスラエルは実行に踏み切っています。こういった対応にはかなり、お国柄が出るのではないでしょうか。日本の場合は非常に保守的な傾向があるので、「万が一何かあったらどうするんだ」という声が噴出して、受け入れられないでしょう。

ここには文化的なものも大きく影響していると思われます。たとえば日本では、西洋医学とは別に、漢方など中医学の知識も取り入れていますよね。数千年以上使われてきた手法だから安心とか、なるべく自然に近いものを服用したほうが体にいいとか、そういう考えを持つ人も多いです。私は漢方そのものは否定しませんし、緩やかではあるものの、効くときは効くものだと思います。

ただ、そのことと新型コロナウイルスへの対応はだいぶ話が違います。規模が大きく、スピーディーな対応が求められるなかで、自然のもので治したほうがいい、なんて言っていたら、対応が遅れてしまいますよね。

日本は科学を外から取り入れたので、本質的な部分がしっかり根付いていないとすでにお話ししました。だからこそ**「科学は万能だ」と思ってしまう人もいれば、その一方で「科学は信用できない、自然のものが安心」と思ってしまう人もいるのです。**

科学の成果がいつも合理的に生まれるとは限らない

ここまで科学の話や科学リテラシーの話をしてきて、「科学者は冷静で、非常に合理的な人たちなんだな」と思った人もいるかもしれません。ただ、科学者も人間である以上、合理的な部分と非合理的な部分があるのは当然です。

たしかに研究は合理的に組み立てていくものですが、実は**偶然の産物や合理的でないことから、新しい発見が生まれることもあります。**

2014年に青色発光ダイオード（LED）の研究でノーベル物理学賞を受賞した、名古屋大学教授の天野浩氏がそうですね。青色発光ダイオードを実用化するのに必要な、窒化ガリウム系半導体結晶をつくる実験中に装置が故障し、あれこれ対策をしていたところ、偶然きれいな結晶ができたそうです。まさにけがの功名です。

合理的に考えるとは、逆に言うと、発想の範囲が狭くなっているとも言えます。ところが、何か失敗したり機械が故障したりすると、強制的に一気に視野が広がる。そのときにひらめきが生まれたり、実験が偶然成功したりするのは時々ある話です。だから、合理的に、論理的に動いているはずの科学者でも、人間らしさみたいなものが出てきたときに偉大な発見をすることがあります。おもしろいですね。

科学者だってバイアスに陥る

人間らしさでいうと、科学者たちも気づかないうちに心理的なバイアスに陥ってしまうことがあります。ところが専門家であるがゆえに、自分はこの分野については正しい知識を持っている、つねに合理的に考えられている、と思ってしまいます。普段から緻密に物事を考えているので、自分を正当化するロジックもたくさん用意できてしまう。でも科学者も人間なので、バイアスから完全に逃れることはできません。

他人がバイアスにかかっていることはわかりますが、自分にかかっているバイアスは、自分ではなかなか気づけません。私たちだって、自分が間違っている、バイアスに陥っている、ってあまり考えたくないじゃないですか。だから科学者も、自分はバイアスにかかっていないという思い込みに陥るわけです。

たとえば、過去の歴史を見てみると、科学の世界でも「女性差別」がありました。これもバイアスのひとつでしょう。

有名なのは、ロザリンド・フランクリンというイギリスの女性科学者の話です。当時のイギリス社会では女性蔑視が非常に強く、男性ばかりの科学界の中で、彼女も差別にあっていたと言われています。フランクリンの大きな功績は、DNAの二重らせん構造を解明する鍵となる、X線写真を撮ったことです。しかし驚くべきことに、その写真を彼女の同僚が、無断で、別の大学の競合する研究チームに見せてしまった。最終的に、二重らせん構造の業績でノーベル賞を取ったのはその同僚と、別の研究チームの2名でした。そのときすでにフランクリンは病気で亡くなっており、自分の研究がもたらした偉業を知ることはありませんでした。

実は、ノーベル生理学・医学賞は3名までにしか授与されないルールがあります。だからもしフランクリンがこのとき生きていれば、フランクリンが受賞している可能性があったかもしれないし、女性蔑視がはびこるなかでは、やはり受賞できなかったかもしれない。これは今となってはわかりません。

この一連の流れについては複数の本が出ていて、人によって主張や考え方が割れており、事実関係はあいまいなところもあります。ただひとつだけ確かなことは、ロザリンド・フランクリンという優秀な女性の科学者が、性差別が普通に存在する古い科学者の世界で、自身の研究を邁進しながら生きていたことですね。今から70年ほど前、それは本当に難しいことでした。

たびたび起こる科学論文の捏造事件

人間らしさが悪いほうに転がるほかの事例として、「捏造」があります。実はけっこう、論文の捏造の事例は多いんですね。

たとえば2023年4月には、岡山大学の教授が提出した論文に、100か所以上の捏造があったとして、その教授が懲戒解雇されたニュースがありました。

科学の世界では、次々に論文を発表し、それが評価されると、研究費を得ることができる流れになっています。だから有名な論文雑誌に何本論文が出たかが、その人の評価に直結します。さらに、研究費をもらったら、それに見合う成果を出さないといけない。業績を上げ続けないと、科学者でいることができないというプレッシャーがあるのでしょう。

そこで起こるのが捏造です。研究費をもらえないと、研究が続けられない。けれども、いい実験結果が出ていない。研究費の申請に間に合わない。そのときに科学者の心の中で何かが崩れて、実験データを書き換えてしまう……。

自分は向いていないと考えて研究を辞める、転職をする選択肢もあるはずですが、研究の世界にしがみついてしまうんですね。

とは言え、あまり大きな話題になってしまうと、世界中の科学者が追試をしますので、すぐにバレます。それはみんなわかっているので、ちょっとしたことから始めてどんどんエスカレートしてしまったとか、もともとうそをついてしまう気質があったとか、そういう理由なのかもしれません。

実際に**科学論文では、何本も何本も論文が出た後で捏造が発覚するパターンがかなり多いんですよ。**いつの間にか常習犯になるんですね。

科学政策の失敗が、日本の研究の質を落としている

少し古い資料ですが、文部科学省は「研究活動の不正行為に関する特別委員会」において、2006年に報告書をまとめています。そこでは不正行為が起こる背景として、研究現場を取り巻く現状と、研究組織・研究者の問題の2つを取り上げています。

ここではとくに1つめの現場を取り巻く状況を、かいつまんで紹介しましょう。まず、「世界的な知の大競争時代にあって、先端的な分野を中心に、研究成果を少しでも早く世に出すという先陣争いが強まっている」ことを挙げています。

それによって「研究現場に競争的環境と競争的意識が定着し始め、研究水準が上がった。その反面、（中略）重点化の対象とされた研究分野については、多額の研究資金が配分されると同時に、それに見合う成果を求められ、また、先端的な研究を続けて

いくには、他の研究者と競争し、競争的な研究費を獲得し続ける必要性がより一層高まっている」という状況が発生しました。

そのようななかで、「**ポスト獲得競争が激化し、特に若手研究者にとっては任期付きでないポストを早く得るために、優れた研究成果を早く出す必要性に迫られる**」ことになったと述べています。

この状況は、最近でも大きく変わっていないと言えるでしょう。

捏造は何も、日本だけの問題ではありません。ポストを得たいとか、研究費をもらったけど成果が出ないとかで追い詰められて不正に走るのは、ほかの国でもあることです。ただ諸外国の場合、先進国はＧＤＰが上がり続けていて経済が成長しているので、当然、科学研究費もそれに伴って配分が増えています。お金に余裕があれば、悪いことはあまりしません。

一方で日本の場合はおそらく、「失われた30年」で経済が横ばいだったために、科学技術関係の予算が諸外国に比べて伸びなかったことが大きな影響を及ぼしているはずです。先ほどの報告にあった「競争的な研究費」とはつまり、限られた予算の中で、より優れた人に資金を渡すために、競争原理を導入したことを表しています。研究費の合計がほとんど増えないなかで競争をするので、単純に言えば奪い合いなんですね。

競争原理を導入してどうなったかというと、引用される論文、つまり質の高い論文の数が減ってしまいました。文部科学省科学技術・学術政策研究所（NISTEP）の2023年の調査によれば、他の論文に多く引用され注目度の高い「トップ10パーセント論文」のランキングにおいて、日本は前年の12位から13位に下降し、イランに抜かれたことがわかりました。国の科学政策が間違っていたと言わざるを得ないでしょう。

第 1 章

科学にまつわる「思い込み」の罠

――「科学的」って何？

科学の「スタンス」を知る

本章では、「科学的とはどういうことなのか」という基本の問いについて考えることで、私たちが自然と陥ってしまいがちな、科学に対する思い込みを解きほぐします。

ここでもっとも重要なキーワードになるのが「仮説」です。

「科学はつねに仮説である」が結論なのですが、これだけを言われてもよくわかりませんよね。科学の定義を踏まえながら、少しずつ解説します。

科学に対するシンプルで素朴な理解から抜け出して、フェイクにだまされないための視点を身につけていきましょう。

本書は、オーディオブックとしてAudibleで
2024年6月に配信開始された
『フェイクニュース時代の科学リテラシー超入門』を
再編集し、携書化したものです。
また、本書に記載された情報は執筆時点での状況に基づいています。

第1章のまとめ

- 私たちは、科学を本質的に理解しないまま、科学に囲まれて暮らしている。
- 科学にまつわる思い込み1：科学的に正しいことは、100%正しい
- 科学にまつわる思い込み2：科学の力は万能である
- 科学にまつわる思い込み3：専門家が言うなら正しい
- 科学の出す結論はつねに「仮説」であり、科学的に正しい＝最初から100%正しいではない。
- 科学はあらゆることを解明・解決できる万能ツールではない。人間社会で活用するときは、リスクを見て相談しながらうまく使っていくしかない。
- 本当の専門家は誰なのか、見極めるべし。テレビに出ているから専門家とは限らない。
- 科学者も人間である以上、バイアスに陥ったり、捏造に手を染めたりと、いつも合理的に行動できるわけではない。

第2章

あなたのまわりにひそむ「非科学的」思考

——この情報、もしかして怪しい？

怪しい「パターン」を学ぶ

本章では、日常生活やニュースで耳にすることの多い事例を通して、いかに私たちが非科学的思考に囲まれているのかを解説します。

科学的リテラシーを養う第一歩は、非科学的思考の具体例を知ること。自分の中に具体例を蓄積していけば、「同じパターン、見たことある！」と気づけますし、「これはフェイクニュースかもしれない」「この情報はいかにも怪しい」という感覚をだんだんと身につけることができます。

事例は健康、美容、食品などの身近なものから、報道の受け取り方、データにだまされない方法まで。ありとあらゆるところに、非科学的思考やフェイクはひそんでいます。

それでは、見ていきましょう。

健康・美容の商品はトンデモ科学だらけ

コラーゲンでお肌すべすべ？

健康食品や、美容に関する商品は私たちにとって身近で、なおかつ非科学的な思考が入り込みやすいもののひとつです。

典型的な事例は、ずいぶん昔から言われていますが「コラーゲンをとるとお肌がきれいになる」という売り文句でしょうか。先にお伝えしておくと、コラーゲンをとることが良くないわけではありません。もともと体の中にある物質ですしね。

ただ、コラーゲンを食べたからといってすぐお肌がきれいになるかというと、残念ながらそうではないのです。

なぜなら、人間の体は食べたものを分子レベルまで分解してしまうからです。コラーゲンは繊維状のたんぱく質ですが、体内で分解されてアミノ酸になった状態で吸収されます。だから、もとがどんなたんぱく質であったかはあまり関係がありません。結局、アミノ酸をとればいい、という話です。

それに、よくよく考えてみると、その吸収されたアミノ酸が肌に使われるかどうかはわからないですよね。骨や血管に使われる可能性だってあります。

たんぱく質なので、適切な量をとることはもちろん体にいいですし、長い目で見て肌にいい影響はあるはずですが、別にコラーゲンである必要はないわけです。

コラーゲンを肌に塗るといいとも言われますが、コラーゲンを直接肌に吸収させたいとしたら、残念ながらそれもできません。保湿の意味ではもちろん効果はありますが、それもまた、コラーゲンである必要はなくて、ほかの保湿クリームでも大丈夫なんです。

健康食品で使われる「波動」はすべてインチキ

健康食品や医療関係のもので「量子力学」というキーワードをよく見かけます。これは物理畑の人間として、見逃せません。

医療関連で本当に量子力学が使われているのは、MRIぐらいしかないんですよ。北海道大学病院放射線部の説明がわかりやすいので引用すると、MRIは次のようなしくみです。「強い磁場の中で外から電磁波を体に与えます。すると体内の水素原子が共鳴し、振動した水素原子からは電磁波が発生します。この微弱な電磁波を受信して電気信号に変換して画像にします」。

体内の様子を画像にできるってすごいですよね。ＭＲＩの開発者は、２００３年のノーベル生理学・医学賞に輝いています。

ただ、それ以外に量子力学が使われているものは、少なくとも私の知る範囲にはないですね。**いちばん怪しいのは民間療法や、健康食品に使われる「波動」。これは基本的に、すべてインチキです。**なんでこんなところに「波動」が出てくるのか、私からすると不思議ですが、まず量子力学における「波動」とは何かを説明しましょう。

量子力学においては、あらゆる物質は粒子であると同時に波動でもあります。それが量子力学の本質です。「波動」は、重ね合わせることができます。そして、お互いを壊すことなく、すり抜けます。

わかりにくいので、ちょっとイメージしてみましょう。お風呂でちゃぷちゃぷと波を立てるところを思い浮かべてみてください。そこで2つの波が出合っても、ぶつかって波が壊れることはありません。2つの波は重なり合ったのち、お互いをすり抜けるんです。これがもし波ではなく物質であれば、ぶつかって壊れてしまったり、別のものに変換されてしまったりします。

その重ね合わせできる性質を使って、量子コンピュータは計算を「重ね合わせ」で行います。ごく簡単に言ってしまうと、複数の計算を同時に行っても、すべての計算を重ね合わせできるので、一瞬で計算ができるんです。1つ1つ計算しなくていいと。

これ以上の細かい説明は省略しますが、なんとなくこれだけでも、波動って不思議だな、神秘的だなとは思いますよね。

この不思議な量子力学の「波動」を聞きかじった人が、おそらく「これって人間の体で起こっていることと同じかも」とか「気功みたいなものに似てる」と考えて、間違った形で拡大解釈してしまったのでしょう。**健康食品などで「波動」の言葉が出てきたら、注意してください。**

水素水は典型的なグレーゾーン

健康食品の中では、水素水もいい事例です。芸能人が飲んでいるとして、一時期とてもブームになりました。大手メーカーも参入していましたし、最近でもまだ見かけますね。

水に水素ガスを充てんしたり、水を電気分解したりしてつくられるのですが、科学的に見るといろいろと疑問があります。

たとえば、圧力をかけて水素を水に溶かし込んだとして、すぐに抜けていってしまうはずです。だから市販の容器では、水素がほとんど残っていない可能性があります。また、電気分解したものを水素水と呼ぶのは別に間違いではないですが、じゃあそれを飲むことに、何の効果があるのだろうと。

水素水の健康効果に関しては、現状では**「黒い仮説」、つまり絶対インチキとは言い切れないですが、「白い仮説」、つまり健康効果について根拠のあるデータがそろっているわけでもありません。**水素水は、まさに典型的なグレーゾーンの事例です。

もしかしたら将来的には、水素水に何らかのはっきりとした健康効果があることが明らかになるかもしれません。でも現状は、明確な結果は出ていないんです。

結局「水」なので飲むぶんには問題ないですが、コラーゲンの事例と同じように、水素水じゃなくて普通の水でもいいよね、という状況です。

ただそういった状況にもかかわらず、「水素水は老化防止になる!」などと宣伝しているものの大半はインチキ、と言えるでしょう。2021年には、消費者庁が4社の販売・レンタルサービスの提供事業者に対して、水素水に老化防止などの効果があるとうたったことについて合理的な根拠がないとして、景品表示法に基づく措置命令を行いました。

プラシーボ効果は否定できない

怪しい健康食品などの事例をいくつか出しましたが、いっぽうで無視できないのは「プラシーボ効果」です。人間の体は複雑で、本来は効果がないものでも「効くに違いない」と思っていたり、気分がいい、ストレスのない状態であったりすれば、治療効果が出ることがあります。

ちなみにその逆で、ノセボ効果と言いますが、効き目がある薬を飲んでいても「これは効かないんじゃないか」と思っていたり、医師に不信感があったりすると、効かない、あるいは逆効果になることもあります。つまり、**人間にとっては、「感情」も大事な要素です。**

健康被害がないものであれば、ある健康食品や美容商品を使っていて気分がいい、気持ちが上がるならそれは良いことでしょう。それ自体は、否定するつもりはありません。

自分の趣味の話で恐縮ですが、たとえば自転車のホイールを何十万もする新しいものに換えたからといって、機能面はそこまで大きく向上しないでしょう。それでも「何十万もするタイヤだからすごく軽い、摩擦が少なくていい音だ」なんて思いながら走っていると、それだけで気分が上がって、やっぱりタイムが良くなるんですよね。

だからそういう気持ちの面は、大事にしていいと思います。

非科学的思考が入り込みやすい「水」の話

水なしでは生きられないからこそ、怪しい情報に惑わされる

先ほど水素水の例も紹介しましたが、「水」への関心を持つ人は非常に多いです。私たち人間はおもに水と炭素でできていて、体内の60％くらいを水分が占めています。だから水は毎日かならず飲みますし、水なしでは生きられません。安全でない水を飲めば、すぐに健康被害が出てしまいます。

きれいな水、体にいい水をみんな飲みたいので、浄水器を買ったり、ミネラルウォーターを買ったりするわけです。日本の水道水は国際的に見てトップレベルに安全性

が高い、みたいな話もよく出てきますよね。

だから水素水のような、**健康や美容に良いとされる水の情報は、科学的な効果があいまいでもついつい興味を持ってしまいます。**水の安全性に関するニュースも話題になることが多いでしょう。それに、スピリチュアルなものと結びつけられることも多いです。

ここでは、数十年前に大きく話題を呼んだ「水にきれいな言葉をかけると結晶の形が変化する」というインチキ事例と、ここ最近ニュースを騒がせた、原発の処理水をめぐる意見について、それぞれ科学的な視点から解説します。

水に声をかけるとおいしくなる!?

1999年、『水からの伝言』という本が話題になりました。その本の中で著者は、

「ありがとう」ときれいな言葉をかけ続けた水はきれいな形の結晶になり、「ばかやろう」と汚い言葉をかけ続けた水は、汚い形の結晶になると述べています。この話はかなりのブームになり、シリーズ本や続編も出ていたので、聞いたことがある方も多いのではないでしょうか。

一部の教育現場では、先生がこの話に感動し、子どもたちに道徳的な話として教えていたようです。

ただ、これはかなり非科学的な話で、非常によろしくないブームでした。科学畑の人間からすると、議論する余地もないくらい荒唐無稽な話なんですよ。**どういうメカニズムなのかが、まったく説明できないですからね。**

たとえば人間同士だったら、いい言葉をかけると相手は気分がよくなって、ちゃんと仕事をしてくれる、みたいなことはありますよね。でもこれは、感情や思考をつくりだす脳神経のような、複雑な回路があって初めて起こることです。普通の水には、そういった回路があるとは証明されていませんし、おそらくほとんどの科学関係者は「ない」と思っているのではないでしょうか。声かけで水に変化が起こるという話は、ほぼほぼ黒だと言っていいでしょう。

「植物への声かけ」の効果はグレーゾーン

水の話と関連して、植物に声をかけるとよく育つ、と聞いたことはありますでしょうか。

この話は、実はグレーゾーンなんですね。確かに植物には、脳神経はありません。ただ、植物ってよく動いているんですよ。植物はそこにただじっととどまって、光合成だけしている、と思ってしまいがちなのですが、たとえばヒマワリを定点カメラで撮ると、太陽のほうを向くために大きく動いています。すごい速さで成長する植物もありますし、実は非常にダイナミックな生き物です。

また、**植物は「おしゃべり」をする**という衝撃的な話が、2022年11月のNHKスペシャルで特集され、いくつか興味深い実験結果が紹介されていました。

たとえば、アメリカ・トレド大学のハイディ・アペル氏のグループが行った実験によれば、植物には音、すなわち振動を感知する力があり、虫が葉っぱをかじる音に対して防御反応を出していることがわかったそうです。

また、筑波大学の木下奈都子氏の実験によれば、植物が虫にかじられて防御反応を出したとき、少し離れた場所にある植物までもが、防御反応を出すことが観察できたといいます。**人間とは異なるやり方で、植物同士でコミュニケーションをとっているわけです。**

このような話を踏まえると、植物のためにどんな環境をつくると良いかを考えるのは、おもしろいテーマなのではないでしょうか。

それに、声をかけることが直接何か作用しているのではなくて、声をかける過程で、植物に手をかけている、大事にしていると説明することもできます。おそらく声をかけながら、水をやったり、風通しのいい場所に移動させたりしているはずなんです。それが結果的に、植物がよく育つことにつながる。

あることが起こったメカニズムが説明できないときは、予想とは別の原因があるかもしれない、と考えてみるといいかもしれません。

原発の「処理水」は怖がりすぎなくていい

脇道にそれてしまったのでまた水の話に戻りますと、2023年の夏ごろに、福島第一原子力発電所で発生した処理水を海洋放出するというニュースが、連日大きく報じられていました。

これもやっぱり、水であるがゆえに、みんなが過剰に不安を感じてしまうんですね。処理水は、IAEA（国際原子力機関）が調査して安全性をちゃんと確認しており、その海洋放出は「国際安全基準に合致している」と報告が出ています。それでも、不安に思う人の声がたくさん聞こえてきていました。

ここで処理水について、簡単に説明をしましょう。経済産業省によれば、「東京電力福島第一原子力発電所の建屋内にある放射性物質を含む水について、トリチウム以外の放射性物質を、安全基準を満たすまで浄化した水のこと」です。

じゃあそのトリチウムとやらは浄化されてないの？　大丈夫なの？　と思われたかもしれません。みなさんはおそらく、**トリチウムという有害な物質が、水に溶け込んでいるとイメージしたのではないでしょうか。実は、それは誤った認識です。**

トリチウムは、化学式で言うとH_2O（水）のH（水素）の部分が、普通の水素ではなくて「三重水素」になっているだけです。分子構造は普通の水素と変わらなくて、ただちょっとだけ、重い水素になっています。

もっと専門的にいうと、一般的な水素は、1つの陽子が真ん中にあり、その周りを1つの電子が回っています。トリチウムの場合は、その真ん中の陽子に中性子が2つくっついている状態です。いずれにせよ、トリチウムは水素の一種なんですね。つまりトリチウムが含まれている水は、普通の水とほぼ同じ性質を持っています。

なぜこのトリチウムを処理水から取り除けないかというと、原子がちょっと違うだけで分子の大きさは普通の水と同じであり、区別してろ過することが、今の技術では極めて難しいからです。違う水素を持つことはわかっているので、理論上、取り除くことは可能です。ただ、研究がたくさん行われているにもかかわらず、コスト面などから、実用化には至っていないのが現状です。

ではこの処理水を海洋放出するとどうなるか。処理水、つまりトリチウムが含まれた水は海の中へ拡散されていき、どんどん希釈されます。東京電力の試算によると、放水地点から2~3キロ離れれば、トリチウムの濃度は周囲の海水と同じになるといわれています。また、放射線の影響も極めて小さく、海洋放出の影響により人間が受ける1年間の放射線量よりも、歯のレントゲンを撮った際に受ける放射線量のほうが大きいという数値が出ています。つまり、海洋放出が怖いと非難する人は、歯医者さんでレントゲンを撮ってもらえないことになります。

それに、こうした処理水の放出は、実は世界中で行われています。たとえば韓国や中国、フランスなども過去、処理水の海洋放出を実施してきました。

実際、処理水は今のまま貯めていくことが現実的に難しくなっています。原発の敷地いっぱいに置かれている状況です。その状態で、万が一また大地震が起きたらどうなるでしょうか。大量の処理水のタンクが壊れてしまう可能性だってあります。とにかく延々と貯め続けることはできないので、海洋放出が現状とることのできる、現実的な方法のはずです。

また、SNSの一部で噂になっていたことですが、トリチウムは体内濃縮される心配はありません。水を飲んでも、汗や尿として体外に排出されますよね。そのときに一緒に出ていくんですよ。さらにトリチウムは、もともと自然界にも存在しています。水道水にも含まれているし、人間の体内にもあります。

科学を学べば、どこまでが「科学」の話か判断できる

なぜこんなに大きく騒がれるのか。これは、**科学の問題ではなく、「感情」の問題だからです。**科学的に考えれば、トリチウムを含む水は普通の水とほぼ同じ性質を持ち、取り除くのは難しいけれど生物濃縮は起きない、と現状の決着はついています。

ただ、人間は感情の生き物です。この処理水、トリチウムの問題はいくら説明を聞いても、「そうはいっても危ないのでは」「やっぱり怖い」と思ってしまう人が出てきます。それについて議論をすることはできません。**怖がっている人に対して「怖くないですよ」と言っても、その感情を消すことは難しいわけです。**

ただ、怖いと思っている人の中でも、科学的な知識や考え方を身につけることで、「トリチウム水は海洋放出しても問題ないんだ」「自分の体の中にもトリチウム水はあるんだ」と納得できて、安心できる人がいるかもしれない。だから、私はこうして科学の立場から発信をするしかないですね。

そして、この処理水の話には**政治や社会の問題も入り交じっています**。たとえば、過去に処理水の海洋放出を行ってきた韓国がなぜ、日本の海洋放出を問題視しているのか。おそらく、1つの外交カードとして政治的に利用しているのでしょう。

また、政府や東京電力、IAEAのことが信用できない。みんなうそをついているからこの処理水は放出してはいけない、と考える人もいます。そういった陰謀論的な仮説に対して、100％あり得ないと初めから言い切ることはできません。ただ、さまざまな方向から検証が行われ、科学的には問題ないと結論が出ているわけで、それも信用できないなら、もはや自分で検証して確かめるしかなくなってしまいます。

もちろん、目にした情報について、うのみにせずいったん自分で考えてみるのはいいことです。たとえば、トリチウム以外のものは本当にちゃんと取り除かれているのか、それは証明できているのか、などの疑問は当然あっていい。そのうえで複数の専門家の意見を調べてみたりして、自分の中の情報をアップデートしていくことが大切です。

よくないのは、自分の出した結論を決して曲げなかったり、専門家集団の中で「黒い仮説」、あるいは明確に間違いだと結論が出ているのに受け入れなかったりすること。それは、科学的な思考からはもっとも離れています。

一見して科学の問題のように思えても、感情の問題や、政治や社会の問題などが複雑に入り組んでいることも多いものです。そんなとき、ここまでは科学の問題、ここは感情の問題、ここからは政治や社会の問題、などと読み解けるようになるのが理想です。そのために、科学リテラシーを身につけることが非常に重要なのです。

理解の範囲を超えた科学技術との付き合い方

「遺伝子組換え食品」「ゲノム編集技術応用食品」は怖い？

２０２３年の４月から、遺伝子組換え食品の表示制度が変わりました。「遺伝子組換えでない」と表示する基準が、厳しくなったのです。遺伝子組換え食品の安全性は厚生労働省により確認されているものの、消費者庁によれば「消費者の選択の機会の拡大」のために制度改正をしたとしています。

２００１年に遺伝子組換え食品の表示義務が実施されたときのように、世間で大きく騒がれる機会は減っていますが、いまだに「遺伝子組換え食品」と言われると、なんとなく不安だと感じる人もいるのではないでしょうか。遺伝子組換え食品と自然につくられた食品を並べられたら、自然につくられたほうを選びたくなる感覚というか。

遺伝子組換え食品は、「細菌などの遺伝子の一部を切り取って、その構成要素の並び方を変えてもとの生物の遺伝子に戻したり、別の種類の生物の遺伝子に組み入れたりする技術」によってつくられた食品です（厚生労働省ウェブサイトより）。

似た言葉として「品種改良」があります。ジャガイモ、トウモロコシ、牛肉など、これまでにたくさん行われてきて、とくに大きな問題にもなりませんでした。ただ、品種Aと品種Bをかけあわせることでより良い品種を作り出すわけですから、品種改良も遺伝子組換えも、基本的な考え方は同じと言えます。実際、品種改良の過程の中でも遺伝子の組換えが自然に起こっていますし、地球生命の進化の長い歴史の中でも、突然変異によって遺伝子の組換えはたくさん発生してきました。

自然に任せておいて遺伝子が組換えられることもあれば、品種改良で異なる資質を持つ品種をかけあわせるなかで、遺伝子組換えが起こることもある。そう考えると、良い遺伝子を人為的にねらって組み込むのは、突然出てきた話ではなくて、段階を踏まえたものなんですね。

だから、たとえば遺伝子組換え技術によって寒さに強いトウモロコシをつくりました、害虫に食べられにくい大豆をつくりました、それがすぐに安全性を損なうことになるかというと、そんなに単純な話ではないはずなんです。

とは言え、その遺伝子組換えによって、たとえば人間にとって毒になる何かをその食品が発するようになる、などは可能性としてあり得ます。だから、その遺伝子組換え食品が本当に安全かどうかを、国が安全性基準を決めて、チェックしているんです。これは安全だとお墨付きがなければ、スーパーには並びません。そういう意味では、科学的視点から見ると、あまり怖がる必要はないと考えられます。

最近研究が進んでいるのは、**食品にゲノム編集技術を使うことです。**厚生労働省が作成したパンフレット、「新しいバイオテクノロジーで作られた食品について」によると、ゲノム編集技術とは、「DNAを切断する人工酵素を使ってDNAに突然変異を起こす技術」であり、それを食品に応用したものが「ゲノム編集技術応用食品」として定められています。狙った遺伝子を変異させることで、毒素をつくりださないジャガイモ、筋肉量を増やして身をたっぷりにした鯛などをつくることができるのです。

「遺伝子組換え食品」が新しい遺伝子を外から組み込むのに対して、「ゲノム編集技術応用食品」は、もともと食品が持つ遺伝子の一部を変異させるという違いがあります。それは自然界で発生する突然変異や従来の品種改良でも起こりうる変化なので、厚生労働省は安全性に問題がなく、国による安全性の審査は必要ないと定めています。

ちなみに、現時点ではゲノム編集技術によって起こした変異と、従来の育種技術によって起こった変異の判別が難しく、科学的な検証が困難だとして、ゲノム編集技術を応用した食品の表示は義務化されていません。

自然につくられたものが良いと思ってしまうワケ

どうしてみなさんが「遺伝子組換え」「ゲノム編集技術応用食品」に抵抗を感じるかというと、やはり**「遺伝子」「ゲノム編集」についてあまりよく知らないから、というシンプルな理由になるのではないでしょうか。**遺伝子についてはある程度学校でも教わったはずですが、突然「遺伝子って何ですか」「DNAって何ですか」と聞かれても、大半の人はあまり説明できません。ふわっとした理解にとどまっているんです。

それが悪いわけではないのですが、遺伝子とDNAの違いは何か、DNAとRNAの違いは何かなど基本的なことを知らないと、人間はどう行動するでしょうか。

結局は自分が知らない、よくわからないものよりも、自分の理解がおよぶ範囲で安全とわかるもの、昔から食べられている自然のもののほうを選びます。それは当然のことですよね。

それが大きなうねりになって、世論として「遺伝子組換え」は不安という議論になるんじゃないでしょうか。

昔ながらの、自然な製法で育てられた食材のほうがいいと判断するのは、自分を守るための考え方として、決して不合理なことではないと思います。ただ、**自然のものが全部安全で、人工のものが安全でないのかというと、必ずしもそうではないはずです。**

農作物だって、科学的な工夫をすることで安定した生産を実現してきました。農薬の開発や品種改良が進んできたおかげで、作物ができなくて飢饉《ききん》になることも現在はありませんし、農家の人たちは安定して暮らすことができます。

自然農法によってつくられた作物を、一部の人が高い値段を出して買うのはまったく問題ありません。多様性があって、むしろいいと思います。

ただ、社会全体として自然なやり方を大事にしようといった方向性になると、最悪の場合、飢饉が起きて食べるものがなくなったり、それによって大勢の人が飢えて死んでしまったりするわけです。そして、それも自然が持つ別の側面なのです。

自然派志向というのはある意味、科学が社会を発展させたうえで成り立つものです。自然につくられた作物を買うと気分がいいという、個人レベルだからこそ可能な、一種の贅沢なんですね。

科学が進歩すると、科学叩きが始まる

そう考えると、科学の進歩によって不作や飢饉などいろいろな課題を克服してきたのに、進歩が行きすぎると拒否感が生まれるのは、不思議といえば不思議です。これは食品だけでなく、ほかの分野にも言えることですね。

たとえば、ワクチン。昔は感染症にかかっても、わけもわからないまま命を落としていましたが、科学の進歩によって細菌やウイルスなどの「病原体」が発見されました。医学はその病原体に立ち向かうために、病原体をちょっと体に入れる方法から始めて、改良を加えていき、ついに毒性のないワクチンの開発まで到達します。それなのに、今度はそのワクチンが怖いと思われはじめてしまった。

科学がどんどん発達した結果、専門家でない私たちの理解を超えちゃうんですね。だから、たとえば新型コロナウイルスワクチンが話題になったとき、mRNAワクチンとはいったい何なのか、誰も答えられませんでした。

ワクチンの基本的なしくみは、病原体を弱くして体に投入すると、体が頑張ってその病原体と戦うから、免疫がつく。次に病原体がやってきたときに、戦った経験があるから、対抗できる。それくらいなら誰でも、なんとなくわかりますよね。

ｍＲＮＡワクチンは病原体そのものではなく、その一部を使いますから、感染症は発症しません。ただ、そのしくみがどんどん精緻化されていったことで、誰もよくわからなくなってしまったと。

あるいは、エネルギーの話も同様です。昔はエネルギーの供給量が足りなかったし、インフラも整備されていなかったので、頻繁に停電が起きていました。私が子どものころもそうでしたよ。

だから頑張って水力発電所をつくり、場所が足りなくなって今度は火力発電所をつくり、石油や石炭をたくさん使った。それが環境に良くない、持続可能性がないと言われ、原子力発電を始めるようになった。それによって停電の心配がまったくなくなって、電気をバンバン使えるようになったら、今度は原子力発電はけしからん、という流れになった。**科学の力で社会が安全で便利になったとたん、科学叩きが始まるのは、よくあることです。**

たしかに、原子力発電所の事故は、甚大な被害をもたらしました。それは本当に残念なことなのですが、その間違いや失敗を経て、さらなる改良を加えていくのが科学の考え方です。たとえば発電所を建てるときに津波の高さの想定が甘かったとか、長時間の電源喪失を想定していなかったとか、事故の原因と改善点を見つけていくことに焦点をあてて考えるものなのです。

ただ、原子力発電のしくみをイメージするのは難しいですよね。理解の範囲を超えてしまって、不安を感じてしまう気持ちはとてもわかります。

原子の力を使うとはいったいどういうことか。実は、大まかな原理は水力発電や火力発電と同じです。核分裂の力を利用して、熱をつくりだして、その蒸気でタービンを回しています。おそらく核分裂の力を使う部分が想像しづらいので、拒否感を持つのだと思います。

あるいは、科学リテラシーとは別の話になりますが、世界で唯一の被爆国として平和教育が行われ、原爆や放射能に対して強い抵抗心を持つ人が多いのも一因ではあるでしょう。

しくみがイメージできれば、漠然とした不安はなくなる

一方で水力発電は、イメージがしやすいのではないでしょうか。高いところに水を貯めて、それを下に流した勢いでタービンを回して発電します。そのタービンを回すところに水の勢いの力を使わないで、石炭・石油を燃やしてつくった蒸気を使うのが、火力発電です。

ただ、**事故による死者数がもっとも多いのは、実は水力発電です**。1969年〜2000年の統計によると、世界で約3万人弱が亡くなっています。次に多い石炭エネルギーによる事故でも、2万人強。日本では大きな事故はあまり起きていませんが、2016年の熊本地震では、水力発電所の貯水槽が決壊し、大量の水が流出して

土砂崩れが起きたことで、2名の方が亡くなっています。

2023年6月には、ウクライナで水力発電所のダムが決壊し、最大4万2千人に洪水によるリスクが発生すると報道がありました。ダムが決壊した場合の被害の大きさは、非常に大きいものになるんですね。

それでも、水力発電所を全廃しよう、という話にはなりません。今回は不幸な事故だったね、で終わるんです。それはおそらく、水力発電のしくみを、なんとなくでもみんながわかっているからではないでしょうか。

飛行機事故も同じです。大きな事故が起こっても、飛行機に乗るのはやめよう、とはならない。今回はたまたま不幸だったけど、次は同じパターンの事故が起きないように改善していこうと考えます。

それは大半の人が、飛行機はジェットエンジンと翼の形状のおかげで浮力が生まれている、くらいのしくみを理解しているからです。

将来的に、たとえば自分たちが理解できないしくみで飛べるものが出てきたら、事故が起きたとたんに「これを使うのはやめよう」という話になると思います。

科学に関する知識を増やし、科学的思考力を養うことができれば、「この技術はよくわからないから怖い」と漠然とした不安を抱くことが減るはずです。

科学を理解することは、この社会のしくみを理解することにつながります。世の中がどのようにまわっているのかを理解したうえで、日常の中で安心して科学をうまく活用できるようになります。

ただ、遺伝子組換え食品のこと、原発のこと、いろいろと事例を出しましたが、**時間が経つとみんな話題にしなくなってしまうんですね。**人間は同じことを聞き続けると飽きてしまう。日常の一部になってしまって、あまり考えなくなってしまうわけです。

厳しいようですが、本当に危険だと思っていたら、徹底的に追究していくべきですよね。でも、忘れ去られていくのが実情です。

さらに良くないのが、追究しつづける一部の人たちが、ときに陰謀論化していくことです。現代社会では、陰謀論がかなり深刻な問題になっています。それについては、のちほど詳しく解説していきます。

情報の受け取り方にも、科学リテラシーがあらわれる

テレビ報道は、圧倒的に時間が足りない

科学リテラシーについて考えるうえでは、マスコミによる報道や、SNSに流れるニュースをどう受け取るかも非常に重要です。

私はテレビ出演の機会を多くいただき、報道の番組にも関わったことがあるので、実際にテレビで科学ニュースを報道する際の問題点も身近に感じてきました。

科学ニュースや科学的な知見を理解するためには、背景知識が必要です。たとえば

物理学についてのニュースであれば、高校で物理を履修していれば、おそらく30秒くらいあると説明ができるはずです。

ただ残念ながら、高校で物理学を履修しなかった人はそれなりにいるでしょう。高校で1年程度かけて勉強する内容とニュースを、あわせて30秒で説明することは難しい。教養番組で40分かけられるならある程度の解説は可能ですが、ニュース番組の中の30秒の枠なら当然厳しいわけです。

それは物理学に限りませんし、もっと言えば古典などの科学でない分野でも同じですよね。**ベースになっている知識があって説明するのと、まったくのゼロの人に説明するのと、尺は大きく変わらざるを得ません。**

そうすると、30秒で説明できないからそもそも解説を扱わない。とりあえず一目見てわかりやすい、反対派の運動の様子でも流しておくか、となってしまうんですね。

そういうことを続けていたらどうなるか。テレビを見る視聴者からすれば、センセーショナルで直感的に大変だと感じるニュースが多いので、「恐ろしいことばかり起こっている」という認識になってしまいます。テレビを見れば見るほど、恐怖が増えていく。

映像は、切り取られた部分だけだと全貌がわからないのも危険です。

たとえば2023年、広島でG7サミットが行われた際にデモ隊と機動隊が衝突したというニュースをBBCが報道しました。アップされた動画を見ると、機動隊が1人の男性を取り押さえている。それを見て、自由であるべき抗議行動が封じられているのでは、と憶測が広がりました。

一方で、また別の時間軸、角度から撮影された動画がSNSに流れてくると、通行人とデモ隊を交通整理するために機動隊が並んでいて、狭い道の混雑の中で、どちらかというと取り押さえられた人が先に手を出して、小競り合いが発生したようにも見える。この見え方が正しいとすれば、抗議活動の自由云々の前に、公務執行妨害の疑いで取り押さえられること自体は、妥当ではあるわけです。

この事例は科学とは直接関係ありませんが、お伝えしたいのは、映像は簡単に切り抜くことができて、それをどう解釈するのかは、切り取り方で大きく変わる可能性があることです。**一面から見た情報だけで判断せず、立ち止まって考えてみるという姿勢を、マスコミの報道に対しても忘れないようにしてください。**

子どもの甲状腺がんが増えた？

福島第一原発事故によって子どもの甲状腺がんが増えたのか、そうでないのか、という話があります。これも、情報の受け取り方に注意したい事例です。

先に科学的なコンセンサスをお伝えすると、現状、「子どもの甲状腺がんは増えていない」という意見が主流です。２０２３年11月には、福島市で開かれた専門家による検討委員会が「18歳以下の子どもたちの甲状腺がんと放射線被ばくとの関連は認められない」と発表しました。ただ、過去に一部の研究者が「原発による影響で甲状腺がんが増えた」と主張していたことで、議論になっていました。

福島県で行われた甲状腺検査では、実際に多くの甲状腺がんが見つかっています。ただこれは、原発の影響で増えたのではなく、ごく簡単に言うと「たくさん検査をしたから、たくさん見つかった」のです。

徹底的に検査をして、たくさんがんが見つかったのだから、患者にとって良いことだと思うでしょう。しかしここで問題になるのは、小児甲状腺がんには、治療をしなくて良い場合が存在することです。大部分の小児甲状腺がんは、その後悪性化したり、命をおとしたりする結果にはならないと言われています。つまり、検査がなければ気づかないまま大人になって、そのまま一生を終える人が多い。

こうした「害をもたらさないがん」を検出し、「治療の必要があると診断してしまうこと」を「**過剰診断**」と言い、福島県で18歳以下に実施された大規模な甲状腺がん検査では、過剰診断が問題になっています。

ただ、過去には大学の教授などのごく一部の専門家が、被ばくの影響で甲状腺がんが増えていると主張していました。マスメディアが「こういう意見もありますよ」と取り上げることで、それを見た人はどう思うでしょうか。被ばくによってがんになることがある、と漠然とした知識を持っている人であれば、「原発事故で甲状腺がんが増えたんだ」と思ってしまうのは、想像に難くありません。

一部の専門家が、陰謀論を加速させる

陰謀論が深刻になってきている原因のひとつに、**専門家と言われる人たちが陰謀論に加担していることが挙げられます**。専門家でない一般の方がSNSで陰謀論を発信しているとき、たいていその裏にはメンターのような人がいます。それが大学の先生だったり、科学者だったりするんです。

陰謀論に加担する専門家は、その分野の専門家全体でいうと、1000人に1人くらいしかいないかもしれません。それでもその人たちが、たとえば「水にやさしい言葉を語りかけると水が変化する」だとか言いはじめて、本まで出してしまったりする。そうすると、専門知識を持たない人は「専門家が言うなら真実なんだろう」と信じてしまいます。**自分の心の中にあった陰謀論的な考えを、正当化してくれる専門家をメンターにしてしまうんですね。**

かつて駐ウクライナ大使を務めた人が、「ロシア・ウクライナ戦争はディープステート、すなわち世界を操る闇の政府が起こしたもので、ロシアを貶めようとしている」といった発言をして物議をかもしました。

ディープステートに関する陰謀論は数年前から広がっていて、世界を支配しているのはディープステートだとか、トランプ大統領はディープステートから世界を救う救世主だとか、荒唐無稽な話がインターネット上で急速に広がり、支持者を増やしています。こういった話に一部の国会議員が賛同してSNSで発信するなど、驚きの事態がいま、起こっています。

たとえば世界中の大富豪による何らかのネットワークがあるとか、自由主義諸国内でのあまり表に出てこない結束があるとか、そういうものは当然あるとは思うんですよ。そんなの絶対あり得ない、と考えるのも科学的思考ではないので。

ただ、まるで007に出てくるスペクターみたいな、悪の権化、世界を支配する闇の組織が世界に多大な影響力を持っているなんて話になると、さすがに荒唐無稽ですよね。

それでもほんの一部の専門家や、経歴的に詳しそうに思える人が真顔で話していると、専門的な知識のない人は「この人の言っていることが正しいに違いない」と思ってしまうわけです。

ディープステートの話に限らず、**陰謀論的な強い意見はSNS上でクローズアップされやすいものです。**たとえば、大多数の人がロシアによるウクライナへの侵略は悪いことだと思っていても、それをわざわざつぶやくことはしない。いわゆるサイレントマジョリティーですね。それに対して、親ロシア派の人たちはSNS上でかなり激しく喧伝します。だからSNSでの発言数だけ追っていくと、陰謀論的な意見が目立ちやすくなります。

マスメディアでも、いろいろな意見の人を呼んで議論を戦わせたい、番組や記事を成り立たせたいと考えるので、主流の意見を持つ専門家だけではなくて、反対意見を持つ専門家を連れてこようと考えます。マスメディアの見せ方として、どうしてもそういう構図をつくりたくなります。その主流でない意見の中に、陰謀論を支持する人が紛れ込んでいる可能性があるわけです。

そこでは賛否両論、それぞれ言い分があって、意見が割れているような取り上げ方になります。そうすると、**たとえ片方の意見があまりまともでなくても、どちらも検討の余地がある、正当なものに見えてしまうんです。**

「批判」的思考力で、陰謀論にたどり着くという罠

情報を受け取る側の私たちには、情報を見極めること、事実から判断すること、つまり批判的思考力が必要になります。これは科学的思考力にも言い換えられます。誰かの意見をすぐうのみにせず、一次資料まで調べる。誰がどんな根拠で言っていることなのかを吟味する。信頼できる専門家の発信にあたる。それを踏まえて自分で論理的に考えてみる。こういった姿勢が大事なんです。

主流派の意見を「批判」して独自の考えを持っているという意味で、陰謀論も批判的思考の結果なんじゃないか、と思うかもしれません。陰謀論を唱える人たち自身も「政府の見解をうのみにしている人たちは思考停止している、私たちは自分の頭で考えて真実にたどり着いた」と考えてしまっているわけです。

ただ実際には、陰謀論的なメンターの意見をうのみにしたり、自分の頭の中にある陰謀論的なストーリーに合う専門家の意見だけを、ピックアップしていたりするにすぎません。

批判的思考力のない人が増えているのは、日本の教育が暗記学習を重視してきた結果だと思います。人に教わったことをそのまま覚えるのは、批判的思考の対極にあるものですね。そういう訓練を子どものころからしてしまっているなかで、もともと陰謀論的な話がちょっと好きだったり、人と違う意見に惹かれたりする性質のある人は、陰謀論にはまりやすい。さらにSNSなどで陰謀論を唱える専門家を見つけてしまうと、陰謀論を信じる気持ちが加速するという悪い流れです。

何度もお伝えしていることですが、**陰謀なんてこの世には絶対ない、ゼロだと考えるのも科学的思考力があると言えません。**

実際に、ある種の集団が何か隠れて悪いことをしている、なんて話はあり得ます。

私たちが知り得ないマフィアの世界、ヤクザの世界もあるわけだし、政治家たちがいろんなグループをつくって自分たちに有利になるように動いたり、企業が談合をしたりする。ただ、悪いことが行われたらそれを日のもとにさらして、正常化していくのが社会のあるべき姿です。それを世界規模に広げて闇の政府があるとか、人口を削減するために誰かがコロナウイルスをばらまいたとか、そうなってくると信憑性がどんどん薄れてきます。

たとえばロシアによるウクライナ侵攻の中で、ロシアが実効支配していたダムが決壊したことがありました。ロシアが意図的にやった、あるいは爆弾が爆発してしまったか何かで、事故が起こった。そう考えるのが普通だと思います。ところが「ウクライナがわざとダムを破壊し、ロシアのせいにしようとしている」と言う人も出てきました。

こういった陰謀論はくりかえし現れました。その可能性もあると考慮することは大事なのですが、それが何回も続くとなると、さすがに現実的ではありません。ウクライナがロシアのせいにするためだけに、たくさんの自国民を死なせているというわけですから。

ちょっとでも怪しい情報は、疑うくせをつける

程度の差こそあれ、陰謀論にだまされてしまう可能性は誰にでもあります。ただ、**陰謀論は論理的に一貫性がありません。**主張の根拠がまったく出てこない、矛盾したことを言っている、意見がコロコロと変わる、などがよく見られます。あるいは根拠が出てきたと思ったら、情報もとが不明の画像だったりします。基本的には、画像は疑ってかかったほうがいいです。特に今は生成ＡＩが出てきたので、いくらでもフェイク画像はつくれます。

怪しい情報を判別するのに必要なのは、スパムメールを判断するときの感覚に近いでしょうか。あなたの口座にこんな大変なことが起きました、すぐにこちらにパスワ

ードを入力してください。こんなメールが来たら怪しいな、と思いますよね。そしてこのような怪しいメールの注意情報は、企業から日々、発信されています。

だから陰謀論やフェイク画像についても、ちょっとでも違和感があればほかに情報が出ていないかを調べてみたり、怪しい情報のパターンを見ることで判断力を鍛えたり、**日ごろから疑うくせをつけてみるのがいいでしょう。**

地球温暖化は人間のせいじゃない？

陰謀論といえば、根強く存在しているのが地球温暖化の話でしょうか。なかでもよく言われているのが、地球はたしかに温暖化が起きているけれど、それは何らかの自然の影響によるものであり、人間のせいではないという説です。

もちろん地球の歴史を見れば、気候の変動は何度もありました。地球全体が氷に覆われた「スノーボールアース」現象も過去に3回起こったと言われていますし、二酸化炭素濃度が高くて、今より気温が10度ほど高かった時代もあります。恐竜がいた時代なんかはそうですね。

ただ、その気候変動が起こるたびに、大量の生き物が絶滅してきたことも事実。自然の流れだから大丈夫、と言う人もいるのですが、そうすると人類は絶滅しますが大丈夫ですか？　と言わざるを得ません。

10年ぐらい前には「人間のせいじゃない」と主張する科学者も一部いましたが、今ではほとんどいなくなっています。

これだけ陰謀論が長い間広まっていたのは、地球温暖化の分析が複雑で、難しいものだったことが原因でしょう。

なぜ分析が難しいのか。結局、地球温暖化が人間のせいだと実証していくためには、非常に複雑なコンピュータモデルを使って、気候予測をシミュレーションする必要があるからです。「海にどれぐらい二酸化炭素が吸収されるか」など、地球全体に関連するさまざまな要素の動きを考えないといけないんですね。

そのうえで、人間がたくさん化石燃料を燃やしてきた事実を踏まえて、この事実があった場合となかった場合を比べると、現在の気温はどのくらい変わるかをシミュレーションします。その結果、人間の活動によって二酸化炭素その他の温室効果ガスが増えたこと、産業革命前の時代に比べて1・09℃も気温が上がってしまったことがわかっていて、これは**ほとんどの専門家が「白」とみなす仮説になっています。**

地球は2つあるわけじゃないし、そのシミュレーションが正しいかをどうやって判断するんだ、と思うかもしれません。

方法としては、そのシミュレーションを使って、過去に起こった気候変動の「予測」がきちんとできるかどうかを調べます。過去に起こった気候変動は、地質学などのデータを使えばかなりの精度でわかります。シミュレーションの結果と、実際に過去に起きた気候変動を突き合わせて、ちゃんと合っているか、気候変動が起こった理由の説明がつくかを調べればいいわけです。

過去の気候変動が説明できるのだから、人間の活動の影響がないとした仮定のシミュレーションや、将来どのくらい気候変動が起こるかという未来予測も、ある程度正しいだろうと判断できるんですね。要は、シミュレーションの時間軸を逆さにするだけなのですから。

さらに疑い深い人は、「そのシミュレーションモデルは結局一部の専門家が扱っていて、一般人から見ればブラックボックスになっている。本当に信用できるかわからないじゃないか」と考えるでしょう。

ただ、このコンピュータ・シミュレーションについてかなり詳しく書いた一般向けの本は、すでにいくつか出ています。だからそれを読めば、概要は誰でも理解できるのですが、じゃあその陰謀論を唱えている人たちがそれを読んでいるかというと……おそらく読んでいないと思います。

疑ってかかるのは良いとしても、そこで本を1冊手にとって自分で読んでみるかどうかが、科学リテラシーを身につけられる人とそうでない人の分かれ目になります。

私も地球温暖化の専門家ではないので、地球温暖化について考えをまとめるために本を読みました。

確かに、コンピュータのプログラムの一行一行をすべて理解することはできません。そこまで調べつくすことはしませんが、専門家が書いてくれたシミュレーションの概要がわかればいい。

そうすれば、専門家たちがどういう根拠をもとに地球温暖化が進んでいると結論づけているのかが理解できます。**専門家が言うからといって疑いもせず妄信するのもいけないし、「全部うそに違いない」と頭ごなしに否定するのもいけない。**だからその専門家が言っていることを、自分で理解してみようという姿勢が大事なんですね。

気づかぬうちに情報収集が偏っていく

専門家集団の中で「もうこれはほぼ白い仮説だね」と合意ができるようになるまでに、さまざまな意見が出るのはおかしなことではありません。ただそれが「**一部の意見**」**なのか、**「**おおよそみんなが認めた意見**」**なのか、私たちが精査して受け取る必要があります**。

とはいえ、マスメディアではそこまで詳しく解説する時間がないし、専門用語が飛び交うので、判断が難しいのは確か。だからなるべく、世界中の科学者たちがどんな意見を持っているのか、積極的に情報を取りにいくことです。

また、**私たちは**「**リスクを重く見がち**」**なことも意識しておくといいでしょう**。「これは安全ですよ」「大丈夫ですよ」と言われてもなかなか耳に入らないのに、「これは危険だ」と言われると「そうだ、危ないに違いない！」と反応してしまうんです。これは生き物として、リスクを回避したい防衛本能が働いています。ただそこに、偏った情報や解釈が入ってくることで、危険センサーが増幅してしまうんですね。

もちろんそれは生物として正しい行動で、リスクを重く見るのをやめることはできません。でも、「人間はリスクのほうを重く見てしまう」ことを、自分でまず認識することが大切です。

ほかにも、最近よく知られるようになってきたのは、「**フィルターバブル**」「**エコーチェンバー**」という言葉でしょうか。

フィルターバブルとは、SNSなどの特定のアルゴリズムの中で、自分が興味のある情報だけがどんどん集まってきて、自分と似たような意見ばかり聞くようになってしまう状態を指します。考え方のバブル（泡）の中で孤立し、見たいものだけ見えるようになる状態ですね。

エコーチェンバーとは、自分と似た意見を持つコミュニティの中で発信を行うと、同じような意見が反響して返ってくる。それによってある特定の意見や考え方が増幅されていく現象を指し、自分の意見は正しいのだと、強固に思い込んでしまうことにつながります。

このような現象によって、気づかないうちに自分の情報収集が偏っていきます。自分が「危険だ」と感じたことについて、ちょっと検索をしてみると、どんどん「危険だ」という情報が集まってくるんです。

99人の人が「大丈夫」と言っていて、危険を訴えているのはたった1人だとしても、その1人の意見こそが大多数の意見だと思い込んでしまいかねない。**陰謀論的な情報にひとたび飛び込むと、アルゴリズムの機能によって、どんどん陰謀論が流れ込んできます。**これは怖いですね。こうした現象の存在も、あらためて頭に入れておく必要があるでしょう。

データを正しく見る技術を身につける

隠れた因果関係を探せ

科学リテラシーが問われるとき、「データをどう理解するか、読み解くか」は非常に重要な視点です。なかでも**実社会でいちばん重要なのは「相関関係」と「因果関係」を理解すること**。それなのに学校ではちょっとしか教えてくれなかったりするので、データを正しく読めない人が多いんです。

たとえば、次のグラフを見てください。要素Aの数と要素Bの数の増減に関連性が

「相関関係がある=因果関係がある」ではない

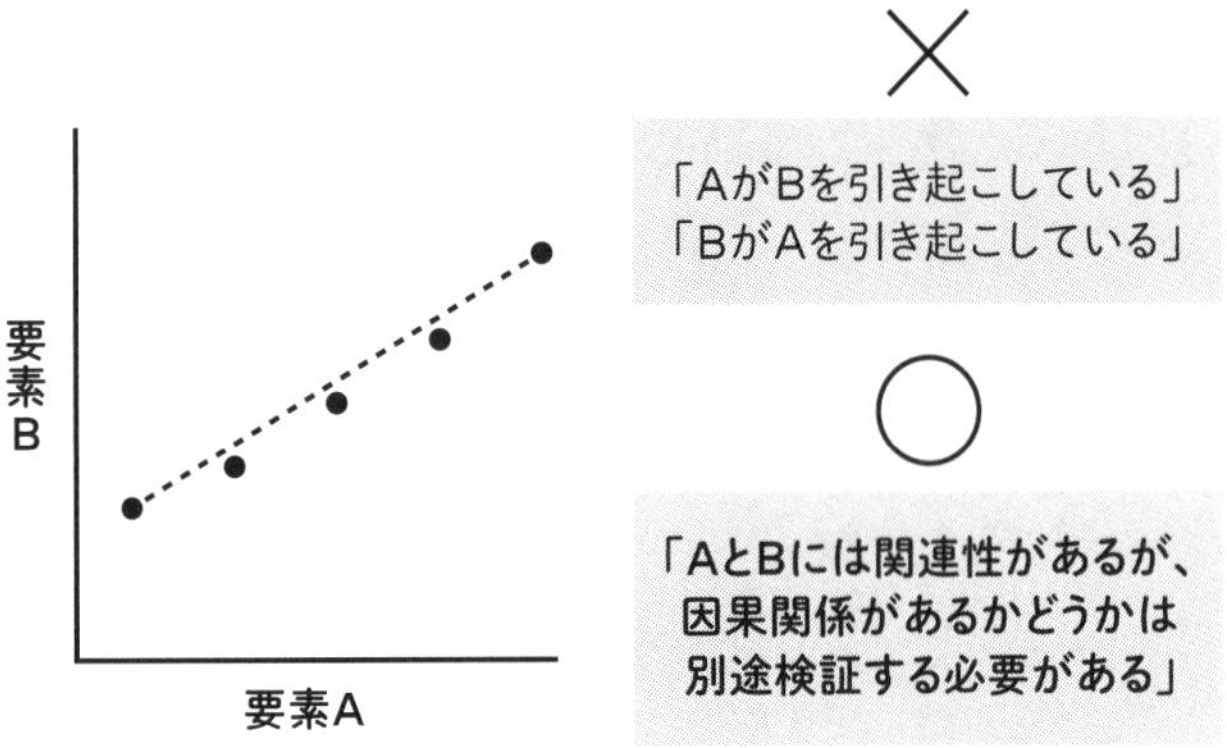
要素B
要素A
×
「AがBを引き起こしている」
「BがAを引き起こしている」
○
「AとBには関連性があるが、
因果関係があるかどうかは
別途検証する必要がある」

あるという結果が出ています。つまり、AとBの相関関係があるとわかります。

間違えがちなのが、この相関関係を、因果関係と捉えてしまうこと。つまり、Aを原因としてBが起きた、あるいはBを原因としてAが起きたと関連づけてしまうんですね。グラフの横軸が原因で、縦軸が結果だと思い込んでいる人も多いです。でも、そんな決まりはどこにも書いてありません。

それに、**相関関係はあるけれども単なる偶然で、何の因果関係もない**のはよくあることです。有名なのが「地球が温暖化すると、海賊が減る」という相関関係。実際にグラフにしてみるとそういったデータが出てくるのですが、温暖化したから海賊が減ったという因果関係も、もちろん海賊が減ったから温暖化が進行するという因果関係もありません。

因果関係があっても、**原因と結果を逆に捉えてしまう事例もあります**。たとえば「警察官の数が増えると、犯罪率が上がる」というもの。「警察官が増えて、取り締まりを無理やり強化したから犯罪率が上がる」と考える人もいます。確かにあり得ないとは言い切れないですが、これは因果関係を逆に考えたほうがよさそうです。**犯罪率が上がったから、それに対応するために警察官の数を増やしたわけですね**。

これだけ見ると笑い話のようですが、実は私たちの日常の中でも、このように因果の順番を捉え間違えていることは案外多いものです。

あるいは、**AとBの相関関係の裏に、別のCという原因が隠れていることもあります**。たとえば、「運動能力の高い子は勉強ができる」という相関関係。多くの人がこのデータを見ると、ついつい「運動能力の高さ」と「勉強ができる」ことの因果関係を読み取ろうとします。「運動能力が高いと脳が発達するから、勉強もできるのか」とか、「運動能力が高い子は勉強にも集中して取り組める」とかいろいろ考えるんですね。

でもおそらく、このデータの裏側にあるのは**「親が教育熱心」という原因Cです。**親が教育熱心だから子どもには良い環境を与えるし、勉強も運動もできる子になってほしいと考えて、どちらにもお金をかける。そうすると子どもの成績は良くなるし、運動もできるようになるわけです。つまり、ここには隠れた因果関係があるんですね。**運動能力と学校の成績に直接の因果関係はないけれど、共通の原因を持っていて、運動能力も学校の成績も、2つの結果が並んでいるにすぎないんです。**

ほかにも、「アイスクリームの消費量が増えると犯罪が増える」という事例があります。これは「気温が上がる」が共通の原因です。気温が上がるとアイスを食べる人が増えるし、気温が上がると、外に出歩く人が増えてトラブルも増える。

さすがにアイスの消費量と、犯罪率は関係がなさそうだとわかりますよね。ただ、現実には因果関係を見誤って、「アイスのせいで犯罪が増えるからアイスをやめよう」なんておかしな判断をしてしまうこともありうるわけです。

こうした背景を見ていく分野を、因果推論と言います。最近は関連書籍も増えてきていて、いま非常に注目されている分野です。

複雑で見破りにくい因果関係――モンティ・ホール問題

因果関係については、有名な「モンティ・ホール問題」の事例がおもしろいので、紹介します。これはアメリカに実在したクイズ番組「レッツ・メイク・ア・ディール」の司会者、モンティ・ホール氏から名前をとっており、クイズ番組の内容を下敷きに考えられた問題です。

さて、あなたがそのクイズ番組の参加者だとしましょう。クイズに答えて勝ち抜いていくと、最後に景品がもらえます。ただ、その景品は3つの扉の奥に隠れていいます。当たりの扉は1つだけで、その扉を開けると、新車があります。ハズレの扉を開けると、ヤギが出てきます。「メエ～」と鳴いて、はい残念でした、というわけです。
まず、クイズを勝ち抜いたあなたは、扉を1つ選びます。その後ろには新車があるかもしれないし、ヤギがいるかもしれない。まだ扉は開けないでおきます。ここでは、当たる確率は3分の1ですね。

おもしろいのが、そのあと司会者のモンティ・ホールさんが、**あなたが選ばなかった残り2つの扉のうち、ヤギのいるほうを開けてくれるのです。**まだ開けられていない扉は2つになりますね。そして、こう質問してきます。**「最初に選んだ扉のままにしますか。それとも、選択を変えますか」**。

実はここで、最初に選んだ扉をやめて、残りの扉に変更したほうが、当たる確率が上がります。不思議ですよね。最初に選んだ扉か、残り1つの扉か、どっちかを選ぶんだから確率は50％・50％、と普通は考えます。

「モンティー・ホール問題」
選ぶ扉を変えると、当たる確率が上がる

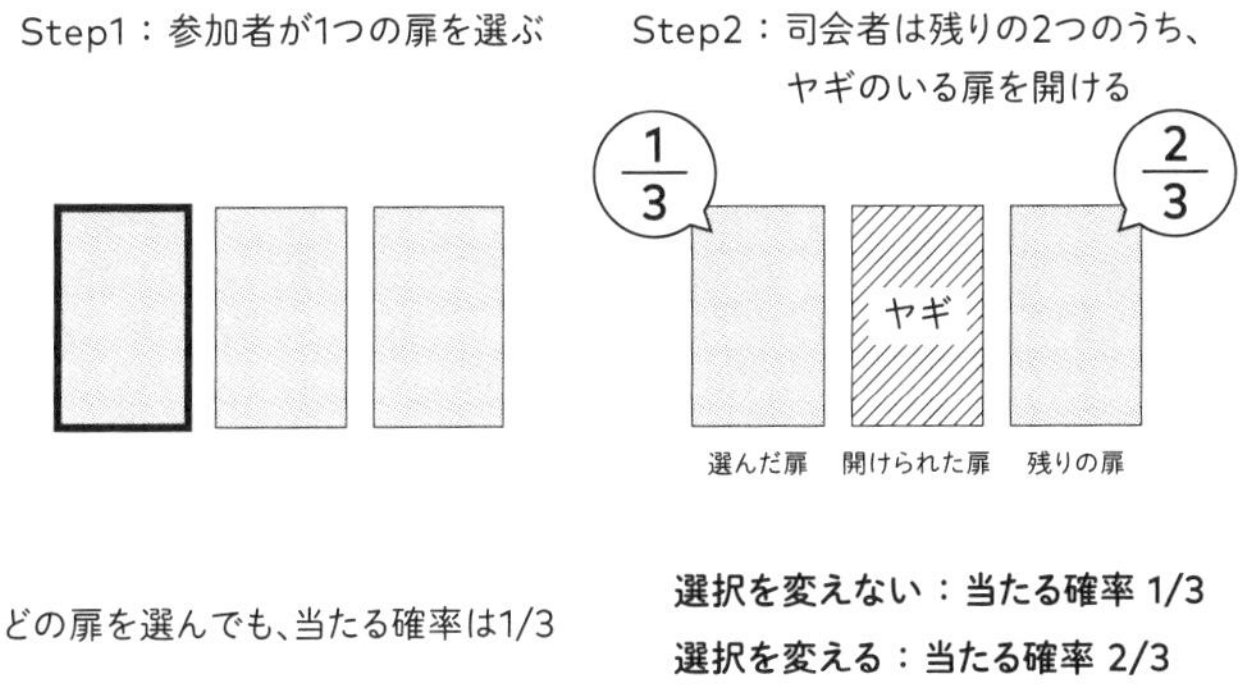

Step1：参加者が1つの扉を選ぶ
Step2：司会者は残りの2つのうち、ヤギのいる扉を開ける
1/3
2/3
ヤギ
選んだ扉
開けられた扉
残りの扉
どの扉を選んでも、当たる確率は1/3
選択を変えない：当たる確率 1/3
選択を変える：当たる確率 2/3

なぜ当たる確率が変わるのか、解説しましょう。

最初に扉を選んだときの当たりの確率は3分の1。これはわかりますよね。ここで、選ばなかった2つの扉をまとめて袋に入れる、みたいなイメージをしてみてください。この袋を選んだほうが、3分の2の確率で当たります。そして袋の中で、風か何かが吹いて扉が1つ開いちゃったと。それでもこの袋を選べば、確率は3分の2のままなんです。どうでしょう。イメージできますでしょうか。

もう少しわかりやすくするために、扉の数を仮に100としましょう。当たりは1つだけです。最初にランダムで選んだら、当たる確率は100分の1ですよね。そのあと、モンティ・ホールさんが残りの99の扉のうち、98個を開けてくれるんです。

その場合、最初に選んだ扉のままにするか、残る1つに変えるか、どちらが当たりそうですか。なんとなく、変えたほうが当たるように思えるのではないでしょうか。実際に計算すると、変えたほうが当たる確率は、100分の99です。

これは、かなり因果関係が複雑なんですね。司会者がどの扉を開けるかに、制限がかかっています。残りの2つがハズレならどちらを開けてもいいけれど、どちらかに当たりがあるなら、そうじゃないほうを開けなければならない。つまり、**司会者が扉を開けるという結果に対して、次の2つの原因が関係しているんです。**

1つは、参加者が最初にどの扉を選ぶか。もう1つが、当たりがどこにあるのか。参加者が選んだ扉を司会者は開けることができないし、当たりの扉を開けることもできないわけです。この2つの原因があって、モンティ・ホールさんは1つの扉を開けるという結果が出ます。

先ほどの例にあった、「教育熱心な親」という1つの原因に対して、「運動ができる」「勉強ができる」という2つの結果が出ていたパターンとは、逆ですよね。今回のモンティ・ホール問題は、2つの原因から、1つの結果が生じている。この形の因果関係は、ぱっと考えてみても、なかなか理解が難しいです。

人間は、1つの原因が複数の結果を生んでいるパターンは比較的、見破ることができます。「今われわれが見ているのは結果だけだ、隠れた原因を探せ」というのは分析がしやすいんですね。原因の特定は比較的可能で、しかも早くできるので、人間は進化の過程で、見破る技を身につけてきたのでしょう。

一方で「**今われわれが見ているものの原因はいったい何だろう。原因は1つではなく複数かもしれない」と考えると、非常に分析が難しい。**原因がたくさんある場合、人間にとって未知の原因もあり得ます。それがいったいいくつあるのかもわからないとなると、人間の脳はそれに対応するようにはできてこなかったんでしょうね。おそらく、複雑すぎるので無視したほうが早かったのかもしれません。

統計にだまされない頭を鍛える

さてここまで相関関係、因果関係の話を詳しくお話ししてきました。相関関係の中にある因果関係のパターンをいくつか知っておくと、統計にだまされない頭を鍛えることができます。相関関係を見たら、その背後にあるかもしれない因果関係のネットワークをちょっと考えてみることです。

ここまで紹介した4つのパターンをまとめます。

1つめは相関関係はあるけれど、単なる偶然の場合。海賊と地球温暖化の事例ですね。2つめは、因果関係の原因と結果を取り違えるもの。警察官の数と犯罪率の事例

相関関係と因果関係
まちがえやすい4つのパターン

① 相関関係はあるが、単なる偶然の場合

例：地球温暖化と海賊の減少

地球温暖化 ------ 海賊の減少

相関関係はあるが
因果関係はない

② 因果関係の原因と結果を取り違えた場合

例：警察官の数と犯罪率

警察官の増員 ―✕→ 犯罪率上昇
警察官の増員 ←― 犯罪率上昇

真の因果は
「犯罪率が上昇したから、
警察官を増やした」

③ 1つの原因から2つの結果が生じる因果関係

例：教育熱心な親と子どもの能力

教育熱心な親 → 運動能力が高い
教育熱心な親 → 成績が良い

④ 複数の原因から1つの結果が生じる因果関係

例：モンティー・ホール問題

最初に選んだ扉 → 司会者が開ける扉
当たりの位置 → 司会者が開ける扉

を紹介しました。3つめが、1つの原因から2つの結果が生じる因果関係。教育熱心な親が原因で、学校の成績と運動能力という2つの結果が生じる事例と、気温が上がるという原因から、アイスの消費量が増え、犯罪数が増えるという2つの結果が生じる事例をお話ししました。4つめが、モンティ・ホール問題のように、複数の原因から1つの結果が生じる因果関係です。

1つの原因から1つの結果が生まれるパターンしか頭の中にないと、怪しいデータを見破れません。それに私たちの生きる実際の世界は、原因と結果の矢印がものすごいネットワークになっていて、非常に複雑なことが起きています。なかなか自分で分析するのは難しいので、事例をたくさん知っておくといいでしょう。

グラフ表記は簡単に「詐欺」が横行する

グラフについては、視覚的にだまされてしまうこともあります。典型的な例でいうと、グラフの縦軸に省略する線が入っていて、**縦軸の比率が横軸に対して短くなってしまっているもの。** 縮尺が変わるので、実際のデータ以上に変化が大きく見えてしまいます。

２０２４年2月には、東京都福祉局が福祉業界の有給休暇平均取得率のグラフを特設サイトに掲載したものの、「詐欺グラフだ」として話題になりました。これはとてもひどいもので、縦軸が53%から始まっているうえに、目盛りが53%、55%、57%、58%、60%と刻まれていて、等間隔になっていなかったんです。

だから**グラフを目にしたら、縦軸と横軸の数字設定がどうなっているか、必ず確かめましょう。** たまに、目盛りが書いていないグラフなんかもあって、あれはまったく意味がないですね。

ほかにだまされやすいのは、円グラフでしょうか。55%なのか62%なのか、細かい割合が見えにくいうえに、「その他」という項目がないがしろにされがちです。その他がいったい何なのかわかりませんし、もしかしたら都合の悪い回答を、その他にまとめているかもしれません。

グラフがアンケートの結果だとしたら、**まずはどういった設問になっているかを確認するのも大事です**。聞き方によって、回答が左右されてしまうことがよくあるからです。

たとえば、「○○が問題になっていますが、あなたはこれに賛成ですか？　反対ですか？」と質問文の前に何か情報を入れたり、設問者の考えを入れたりすると、回答に大きく影響を与えてしまうのです。

アンケートそのものが有効でない場合もあります。グラフの下のほうに小さく書いてある注釈を読んでみると、たった30人にしかアンケートをとっていなかった、なんてこともあるわけです。

『統計でウソをつく法——数式を使わない統計学入門（ダレル・ハフ著、高木秀玄訳）』という書籍にたくさん事例が載っているので、おすすめです。気になった方はぜひ読んでみてください。

さてこの章では、あなたの身のまわりにひそむ非科学的思考の事例をたくさん挙げてきました。あなたはどのくらい、科学的な視点を意識できていましたか？

なんとなくニュースを見たり情報を受け取ったりしていると、自分でも気づかないうちに、非科学的なフェイクニュースにだまされてしまうかもしれません。

ここで紹介した事例やパターンを、ぜひ頭に入れておいて、**「この情報はこのパターンではないか？」と、考えるくせをつけてみるといいでしょう。**

また、今回紹介した事例の中で、もしかしたら怪しいものが数年後には「白い仮説」になったり、正しいと思われていたものがひっくりかえって「黒い仮説」になったりするかもしれません。情報をアップデートすることをぜひ、忘れないでいてください。

第２章のまとめ

- 私たちの身の回りには、非科学的なものがあふれている。
- 健康、美容ジャンルはインチキ情報が多い。
- とくに「水」は関心が強くなりがちなので、だまされないように注意せよ。
- 科学を学んでからニュースを見れば、どこまでが「科学」の話か判断できる。
- 科学のことは「わからないから避けよう」ではなく、わかろうとすることが大切。
- メディアやＳＮＳからの情報を受け取るときは、いったん立ち止まって自分で考える。
- 専門家「らしき」人が、陰謀論を加速させることがある。
- 相関関係と因果関係のパターンを知れば、データを正しく見られるようになる。
- いつ黒い仮説が白い仮説に、白い仮説が黒い仮説になるかわからない。情報のアップデートを怠らないようにする。

第3章

科学リテラシーを鍛える習慣

——科学とどう付き合っていく？

科学リテラシーをものにする

ここまで、数々の事例をもとに「科学的であるとは何か」「科学リテラシーがある人は、どのように物事を考えるのか」を深掘りしてきました。

「科学」はどこかの研究室で行われているような遠い世界の話ではなく、私たちの身近にあるものだとわかっていただけたのではないでしょうか。

最後の章となる本章では、このフェイクニュース時代に、科学リテラシーを身につけるための方法を具体的にお伝えしていきます。

科学リテラシーには、「科学の基礎知識」「科学的思考力」の両方が必要です。基礎知識を得るためにおすすめの方法から、私たちは「科学」とどう向き合うべきか、どう付き合っていくべきかという考え方までを、一気にまとめていきます。

そもそも、なぜ「科学リテラシー」が必要？

科学を知れば、現代社会のしくみがわかる

ここまでいろいろなトピックを取り上げながら、「科学リテラシーを身につけよう」とくりかえしお伝えしてきました。

それはなぜかというと、**現代社会が「科学技術の社会」だからです。**もし科学のあまり発達していない社会であれば、別のリテラシー、たとえば宗教リテラシーだけで生きていくことができたかもしれないですね。しかしこの社会は、そうではありません。

たとえば経済活動の根底には、エネルギー問題があります。経済的に繁栄するにはエネルギーの安定的な供給が必要で、それゆえに、国家間でのエネルギー源の争奪戦も起きます。つまり、経済の問題を考えるためには、エネルギーの基礎的な知識が必要になるわけです。

より身近なところでも、科学リテラシーが生きます。たとえばみなさんがスーパーに行ったとしましょう。何気なく食品を手に取る中で、「遺伝子組換え食品」の表示に出会うことがあると思います。

「遺伝子組換え食品」という言葉の響きだけを聞くと、たしかに「え？　遺伝子って組換えて大丈夫なの？」という気持ちにはなりますよね。そこで「なんだかよくわからないから、とりあえず避けておこう」と考えるのはある意味当然です。

でも、きちんと安全性の審査を通ったうえでこの棚に並んでいることを知っていれば、買い物の選択肢のひとつとして考えられるようになるんです。

新型コロナウイルスの世界的パンデミックでは、玉石混交の情報がいきかうなかで、自分の国の感染対策は本当に大丈夫なのか、自分や家族を守るためには、どういう行動をとればいいのか。いったいどの情報を選び取るのか、判断力がかなり必要とされました。

このときに多くの人が痛感したと思うのですが、科学に関する問題は、すべて専門家任せにしていいものでも、自分に関係ないものでもありません。**自分自身に科学リテラシーがないと、この情報過多の時代の中では、何が正しくて何が正しくないのか、見極めることが非常に難しいんです。**

自分でも気づかぬうちに、間違った情報や偏った考え方を正しいと信じてしまい、フェイクニュースにだまされてしまう可能性も大いにあります。つまり、科学リテラシーは、自分たちの命を守るために必要なものなんですね。

まとめると、科学リテラシーを養うことで、自分の生きる社会がどんなふうに動いているのか、しくみがわかるようになります。そして、**科学リテラシーは私たちがこの情報過多の社会で生き抜いていくために必要な力、武器になってくれるんです。**

これは身につけない手はないぞ、と思っていただけたでしょうか。

第四次産業革命の流れは止められない

最近ではChatGPTなど生成AＩのめざましい進化があり、まさに第四次産業革命が起きている状況です。この流れは、けっして止めることはできません。

なぜなら、経済の構造として、経営者は生産効率を上げたいと考えます。産業革命は、エネルギー効率が上がってコストが下がることにつながるので、社会は産業革命に向かって動いていくものなのです。

私たちは、新しい科学技術にどう向き合うかを、真剣に考えないといけない状況にいます。

社会の変化を止めることができないのであれば、もはや私たちは、**全力でうまく乗っかりにいくしかない。**もし乗っからないとすると、たとえば、アメリカにいる第二次産業革命以降の文明を否定するコミュニティのような、小さな社会を自分でつくるしかありません。それはなかなか現実的ではないので、科学リテラシーを武器にして社会の変化に乗っかるのが、私たちがとりうるベストな選択肢でしょう。

一方で、AIの進化に抵抗しながら、道を模索している人たちもいます。

たとえば、アメリカでは俳優の組合や脚本家の組合が、映画やテレビ、脚本へのAIの活用をめぐってストライキを行いました。どちらも100日を超えるもので、大問題になっていましたね。

AIを使うと、たとえば俳優が話しているところを少し撮影しただけで、それを素材にしてすべての動きを生成できる可能性があります。生成AIだけで映画をつくれてしまうわけです。ストライキはそれぞれ、本人の同意なしに生成ＡＩの素材として使用しない、脚本におけるＡＩの使用制限をかけるなどの取り決めに合意が交わされたことで終結を迎えましたが、今後こういった動きが増えていくことでしょう。

ただ、仮に生成ＡＩによる映画が普及したとしても、「ＡＩじゃなくて実際の俳優が演じた」ことがかえって付加価値になる可能性だってあります。トム・クルーズが自分でスタントをするのがすごいと言われて、映画の付加価値になっていますよね。それと同じように、本人が、人間が演じていることで価値が高まるという流れも起きるはずです。

ＡＩとの付き合い方はこのようになかなか難しいですが、たとえ抵抗しようとしても、これからますます私たちの日常生活に入り込んできます。だから私たちは、ＡＩについて知識をつけながら、道を探っていくしかないんですね。

子どものために大人も学ぶ

AIを子どもたちに使わせるのか、という議論もたびたび起こっています。私のスタンスは明確です。第四次産業革命の流れは止められないので、「使わない、使わせない」という選択肢はないと考えています。**「AIを使うと思考力が育たないから、使っちゃダメ！」と頭ごなしに否定するのは、かえって子どもの成長機会を奪ってしまいかねません。**

生成AIでいえば、アイデアのヒントをもらうとか、レポートのたたき台を書いてもらうとか、便利なツールとして使うのがいいのではないでしょうか。野放図に使わせず、うまく使うスキルを身につけさせましょう。重要なのは、AIに書いてもらったあとにどのように人間が手直しを入れるか、いわゆる「ポストエディット」をうまくできるかどうかです。

また、こう使うのはダメだよね、ということも同時に伝えないといけません。具体的には、ChatGPTが生成してくれたものはオリジナルではないから、自分がつくったものとしてそのまま使ってはいけない、宿題として提出してはいけないよ、とかですね。

検索エンジンが出てきたときも同じでした。検索して出てきた結果をコピペして、レポートを出す大学生が続出したわけですが、いまは社会の総意として、それはやっちゃいけないことになっています。

年齢を区切って使わせるのはひとつの手でしょう。たとえばスマホについては、子どもが自由に使える年齢を制限している国が多いです。アメリカやカナダでは、13歳になるまでは親が子どものスマホ使用をコントロールするのが一般的です。有名ですが、スティーブ・ジョブズは子どもが中学生になるまで、スマホを使わせなかったという話もあります。

また、XやInstagramなどのSNSでは年齢制限があり、13歳未満は利用することができません。

生成AIもインターネット関連技術ですから、同じように親が使用年齢を見極め、使い方をたたき込むことが必要でしょう。

そう考えると、子どもたちに適切にAIを活用してもらうためには、大人たちがAIを使いこなせていないとダメですね。自分で使ってみて、ある程度こういうものだとわかったうえで判断する必要がありますから。

未来を生きる子どもたちが社会の変化に対応していくためにも、私たち大人が、積極的に科学リテラシーを身につけていきましょう。

必要なのは中学レベルの知識と、科学的思考力

この本では、**科学リテラシーを「科学の基礎知識」と「科学的思考力」をあわせたものと定義しています。**科学的思考力は、判断力や批判的思考力とも言い換え

られます。これは、そんなにハードルの高いものではありません。

まず知識としては、基本的に、中学校で習う理科の知識があればじゅうぶんです。とくに学生時代に文系専攻だったみなさんは、おそらく科学に対して難しく考えていて、つい構えてしまっているのではないでしょうか。中学、高校のときに暗記とテストばかりやらされて、苦手意識を持ったまま大人になってしまったかもしれません。

でも、科学ってもっと身近なものですし、ちょっと知識さえ身につければ、ものすごくおもしろい世界が広がっているんです。

そして、知識を増やす以上に大切なのが科学的思考力、判断力です。自分が持っている知識や、信頼できる専門家が発信する知識を総動員して、自分で判断する力ですね。この判断力だって、ものすごく高度なことではありません。のちほど詳しく紹介しますが、日常生活の中で訓練できることなんですよ。ただ、現代社会では、判断力を身につける機会が減っているのは確かです。

現代社会は安全すぎて、判断力が身につかない

判断力とは、もとをたどれば生き物として生き延びるために、リスクを回避する能力のことだと私は考えています。そして、**現代人の判断力が低下しているのは、ずばり社会が安全すぎるから！**

たとえば、公園の遊具がどんどん撤去され、あらゆる遊びが禁止され、今では何もできなくなっている。遊具を使っていれば、当然、ある程度のケガ人が出てきます。場合によっては、死亡事故が起きる可能性だってゼロではありません。

そこで遊具のつくりを見直して改善する方法もあるはずですが、行政としては遊具を撤去したほうが、手っ取り早く解決できるわけです。遊具がなくなれば事故は起き

ないという考え方ですね。
これが加速していくとどうなるか。投げたボールがあたってケガ人が出たからボール遊びは禁止。スケボーもぶつかると危ないから禁止。ブランコも落下すると危険だから禁止……。こうして「改善」ではなく「禁止」を増やしていくことで、どんどん子どもから判断力を養う機会を奪っているんです。

ニュースを見ていると、非常に残念なことですが、毎年のように水難事故が報道されます。これも普段から海や川に行って、少し危ない目に遭うという経験があれば、大きな事故は回避できるかもしれません。ちょっとした失敗や怖い経験をすると、二度とそんな目に遭いたくないと心の底から思うので、準備したり対処したりすることを覚えますよね。そうすると、さらに大きな危険を回避できる。そういったことの積み重ねが大事なんです。

今はそういった「少し危ない目に遭う」という機会が大きく減っているんですよ。

子どもたちだけではなく、現役の親世代もすでに、そういう機会を失っている人が多いはずです。**極めて安全につくられている社会の中で生きていると、判断力は育たない**。これは現代社会が抱える、非常に大きな問題だと思います。

とくに、大人になると失敗することが怖くなって、初めから避けてしまいがちです。みなさんも、心当たりがあるんじゃないでしょうか。

ちなみに、日本人は統計的に、失敗を恐れる人が非常に多いそうです。OECDが2018年、15歳の学生に対して行った「生徒の学習到達度調査」(PISA)において、日本はOECD諸国の中で、もっとも失敗を恐れるという結果が出ていました。

でもそうやって失敗を避けるのは、判断力を、ひいては科学リテラシーを身につけるチャンスを失っているともいえます。小さな失敗を積み重ねることを、怖がらないでほしいです。

おすすめなのは、プロのガイドをつけてアウトドア体験をすること。安全に楽しみながらも、「川の中でもこのエリアは流れがゆるやかだけど、こういう地形のこのエリアは足をとられるので危ない」などと教えてもらいながら、実際に川の流れを体験して学んでいくわけです。

アウトドアでは、正しい知識に基づいて的確に行動しないと死んでしまう可能性だってあります。だから情報収集能力、情報の選択能力が鍛えられるんです。

時々、富士山にTシャツとスニーカーで突撃してしまう人がいますが、その人たちはたまたま死んじゃわなかっただけで、ものすごいリスクの中に飛び込んでいるんですよ。はたから見ると、とても恐ろしい！

そんなことにならないために、日ごろから判断力を養い、科学リテラシーの基礎をつくっていきましょう。

科学リテラシーが加速する「科学の基礎知識」

なぜ科学リテラシーを身につけるべきなのか、社会的な背景を踏まえて解説しました。あらためておさらいをすると、科学リテラシーとは、科学の基礎知識と、科学的思考力や判断力の両方があって発揮されるものです。

それでは、私たちが科学リテラシーを養おうと思ったときに、まず具体的にどんな知識を学べばいいのでしょうか？　急速に進んでいる技術革新を踏まえて、おすすめのテーマを2つ、ご紹介します。

いま学ぶといいテーマ① AI

科学に関する知識を増やしたいと思ったときに、まずおすすめなのはＡＩに関する知識です。第四次産業革命の中で、世界がどう変わっていくのかを知るには、ＡＩの知識が不可欠です。「よくわかんないけど、最近ＡＩがすごいよね……」と雰囲気で乗り切るには、なかなか難しい段階になってきているんです。

最近よく聞くようになった「大規模言語モデル」や「Transformer」とは何か。「聞いたことある」だけで終わらせていませんか？　そういったキーワードの意味をある程度自分なりに理解できるだけでも、世の中の見え方がだいぶ変わるはずですよ。

「大規模言語モデル」というとなんだかものすごく壮大に聞こえますが、実際にしていることは連想ゲームみたいなもの。ある言葉が来たら、その次に来るのはどんな言葉である確率が高いかを、コンピュータが計算して予測しているんです。

たとえば、「黄色い」という言葉の次には「バナナ」が来るだろうとか。それは当然、文脈によって変わります。車好き同士の会話なら黄色い「ポルシェ」かもしれないし、ファッションについて語り合っている場だったら、黄色い「トートバッグ」かもしれない。人々がどういう話をしていて、この文脈では次にどういう単語が来やすいかを一覧表にしていて、確率の高いものを選ぶようなイメージです。

文脈によってどの言葉が来やすいのかを、Googleが2017年に発表した、「Transformer」という深層学習モデルの技術で導き出しています。

こんなふうに、**細かい用語やしくみまで知らなくても、自分の経験に引きつけてイメージできると「大規模言語モデル」という難しそうな言葉も身近に感じますよね。**何も、自分でプログラミングしたり、AIを開発できるようになったりする必要はないので、このくらいの理解で十分なんです。こういった知識を積み重ねていくことが、科学リテラシーを育てます。

いま学ぶといいテーマ② 量子技術

ＡＩのほかには、「量子技術」もいま非常に重要な分野です。量子技術とは量子力学を使った技術のこと。量子力学の分野が完成したのは１００年くらい前ですが、現在、量子を使ったさまざまな技術が出てきています。

ＡＩはよくニュースでも取り上げられるので、なんとなくわかっている人も増えてきているでしょう。ただ、量子技術はわからない人が多いはずです。いきなり「量子技術を学ぶといい」と言われて、ぎょっとした人もいるかもしれません。

それは無理もなくて、一昔前だと量子力学は、大学の物理学科や電子工学科のようなところでないと教わらない、極めて専門性の高い分野でした。ところが現在、量子技術によって革命が起こりつつあって、**国を挙げて量子技術の研究開発に取り組まないと、世界に後れを取ってしまう状況になっています。**

代表的なものは「量子コンピュータ」で、スーパーコンピュータよりも速く計算ができるという驚きの技術です。ほかにも「量子センサー」は、これから普及していくと言われています。いろいろ種類がありますが、たとえばスマホの中に搭載されている加速度センサーがさらに精緻化されて高性能になったようなものなど、現在ベンチャー企業などがこぞって開発を進めています。

ただ、いきなり「最先端の量子技術でこんなことができる」という記事を読んでも、あまりピンとこないでしょう。まずは、そもそも量子とは何かを知ることから。難しいことを理解する必要はなくて、「量子は常識ではちょっと推し量れないものなんだな」とわかっていれば大丈夫です。

「常識では推し量れない」とはどういうことなのか、少しだけ解説しましょう。

たとえば光の粒、光子や電子などは量子です。そこで、実際には不可能なことですが、電子を目で見て観察する状況を思い浮かべてみてください。目で見るとはつまり、電子に光が当たって、跳ね返ってそれが人間の目に入るということ。ところが、量子である電子は小さすぎて、光が当たるとどこかにすっ飛んでいってしまうんです。見た瞬間にはもう、そこには存在しない。専門用語ではこれを「不確定性」と言います。

光を当てただけでどこかにいっちゃうということは、**量子は非常に敏感で、状態が変わりやすいんですよね。だから周りの影響に、左右されやすい。それを逆手に取ったのが量子センサーです。**量子の敏感さを利用して、非常に精度の高い高性能のセンサーとして使おうというわけです。

この話はあくまでも思考実験ですが、なんとなく頭にこういうイメージを浮かべて、自分なりに量子のイメージが湧いてくればいいでしょう。

高性能な加速度センサーが実現できれば、たとえば車のナビで、電波の届かないエリアでもGPSに頼らずに自分の位置を把握することができるようになります。電波の届くエリアでは人工衛星とやりとりをして、自分の位置がわかるというしくみはなんとなく知っていますよね。それでは、なぜ電波がなくても位置がわかるのか。実はニュートン力学を使うのですが、加速度が正確にわかると速度が計算できて、その結果から進んだ距離が計算できるんです。

かみ砕いて説明しましょう。運転手がアクセルを踏み、加速度がかかります。カーブを曲がったときにも、ブレーキを踏んだときにも、加速度がかかります。**加速度はつまり、速度の変化を表す数字なんですね。**ジェットコースターに乗っていて体に力がかかる感じとか、エレベーターに乗ったときに重力が強くかかったような感覚を思い出してみてください。あれが、加速度のかかった状態です。

高性能の加速度センサー、つまり量子センサーによってその加速度が正確に記録できれば、出発地点からの位置を計算して、今いる位置を正確に割り出せるんです。

ここでもうひとつ、量子センサーに関するおもしろい話をご紹介しましょう。なんと、**渡り鳥の目の中には、量子センサーがあるのではないかというかなり有力な仮説があります。**生き物の中に、最先端の量子技術が備わっている？　それはいったいどういうことでしょうか。

渡り鳥は目の中にある物質によって地磁気を感知し、自分の位置や方向を把握しています。その物質の働きが、量子レベルで行われている可能性があるのです。

生きている渡り鳥の目の中で、実際に量子レベルの働きが起きているかどうかは、まだわからない段階です。研究室での実験では検証ができているので、今後のさらなる検証が楽しみですね。生き物の体の中でも、量子の力を使っているかもしれないとは驚きです。

理系と文系の分断が起きている

文系を専攻していた読者のみなさんは、先ほどの量子センサーの説明を聞いて「加速度って何だっけ」「そんなの学校で習ったかな」と思ったかもしれません。この「加速度」、理系分野を専攻した人にとっては当たり前の知識なんです。

たとえば文系でいうと、「シェイクスピアとは何か」「夏目漱石の本を1作でも読んだことはあるか」くらいの知識レベルをイメージしてください。夏目漱石の全集じゃなくていいんですよ。『坊っちゃん』だけでも読んだとか、それくらいのレベル感です。**おそらく、文系で「シェイクスピアって何だっけ?」という人はほとんどいないはずですよね。**

文系と理系が2つの世界に分かれてしまっているせいで、理系の人にとっては当たり前のことが、文系にとっては当たり前じゃない。あるいはその逆のことが、社会では起こっているんです。

『二つの文化と科学革命』（チャールズ・P・スノー 著、松井巻之助 訳、みすず書房）という、理系と文系の分断に関して話題になった本があります。この本に収録されている、1959年に行われた講演会の中でスノーは、人文的な文化と自然科学的な文化が分断されていることを指摘し、その分断が科学技術によって豊かな社会を築くうえで障壁になると警鐘を鳴らしました。そして教育制度の改革を提言し、大論争を巻き起こしましたが、スノーが指摘したような状況は、現代でも変わっていません。

ただ、何度もお伝えしているように、現代社会はもはや、科学リテラシーなしに生きのびることが難しい世界になってきています。AIや量子技術だけではなくて、**気になる科学のテーマがあれば、まずは本を1冊だけでも、手に取ってみてください。**

まだ家に学生時代の教科書がある人は、教科書を引っ張り出してみるのでもいいでしょう。もう捨てちゃったよという人は、本屋さんに行って、「中学の理科の復習」みたいな参考書とか、「量子力学とは何か」のような新書を探して、ぜひ文系と理系の壁を越える第一歩を踏み出してほしいです。

科学の知識を増やせば、科学の考え方も学べる

科学の知識を増やすことで、同時に科学のプロセスを学ぶこともできます。なぜかといえば、そもそも「科学」自体が、仮説と検証を繰り返していくものだからです。

科学に関するニュースや記事を追っていくと、複数の仮説を提示して、実験や観察をくりかえして、その時点での結論を出していく過程が見られます。こうかもしれない、あるいはこうかもしれない、そしてこのように実験してみたら、なんとこんな結果が出ました……。こういった記述が基本なんですね。最初から正解が書い

てあるわけではありません。

だから、科学に関するニュースを日常的に読むのは科学リテラシーのいい訓練になります。

仮説検証という科学の基本的な考え方を、自分の中にくせづけていきましょう。

ここではＡＩと量子力学をおすすめのテーマとしましたが、それ以外にも自分が興味のあるテーマをぜひ見つけて、日ごろから情報を集めるようにしてみてください。

ここまで事例をたくさん紹介してきたように、水から健康食品、美容、植物、エネルギーに至るまで、科学の話は身のまわりにあふれています。ひとたび意識してみると、その多さに気がつくはずです。

日常の気になる出来事やニュースから入りつつ、これってどういうことなんだろう？　と疑問に思ったところから、科学への関心を広げていきましょう。

「科学的思考力」は日常の中で鍛えられる

私たちは無意識に仮説検証をくりかえしている

さてここからは、科学的思考力を鍛えるための考え方について、詳しく紹介していきましょう。

科学的思考力や判断力があるということは、仮説検証を自分の頭の中で行っていることでもあります。そんなの普段の生活の中でしないよ、と思われた方もいるかもしれませんが、仮説検証はそんなに難しいことじゃないんですよ。

たとえば、道順や電車の乗り換えを決めるときにも、頭の中に仮説がたくさん浮かんでくるはずです。頭の中に知識があれば、自分でパターンを組み立てて、雨が降っているのか、混んでいる時間帯かどうかなどさまざまな状況を想定して検証し、道順を選ぶことができますよね。20年ほど前には、みんな自力でやっていたことだと思います。

ところが、今は何でもGoogleやアプリに聞いてしまって、考える機会が激減していますよね。乗換案内がないと電車のルートがわからない！　なんて人も多いのではないでしょうか。

だから、たまには自分でちょっと考えて、試行錯誤しながら歩くのがいいかもしれません。Googleマップや乗り換えアプリを使わずに、目的地まで行ってみるなどでしょうか。**地下鉄を選ぶのかJRを選ぶのか、どこで乗り換えると早いのか、複数の仮説を自分の頭の中に浮かべて、どれかを選んで検証してみるんです。**

現代の感覚でいくと、それってもはや大冒険ですよね。ものすごく頭を使うと思います。大遅刻をしかねないので、時間に余裕のある人しかできませんが、ぜひ試してみてください。

道順以外にも、人間はつねに、頭の中で仮説を立ててそれを検証して判断する、という思考を行っているはずです。

朝目が覚めたあと、「さあ次に何をしよう」と、無意識にでも考えています。天気が良いから洗濯をしようか、猫が鳴いているからご飯をあげようか、今日はすぐに仕事に出ないといけないから、優先順位をつけて動こうか。あれこれ複数の仮説を立てて、その都度判断しているんですよね。

それは何気なく行われていることで、自分で「判断したぞ!」と意識することはなかなかありません。だからこそ、**「自分はこれで判断力を養っているんだ」と捉えなおしてみてください。**そうすることで、自分で判断しよう、自分で考えようという意識づけ、くせづけがされていくので、少しずつでも考える力が育つはずです。

そんな日常の中に、水素水の話やワクチンの話が時々出てきて、科学的に判断する力が発揮されるわけです。そういった日々の積み重ねで、科学的思考力が育っていきます。

科学的思考力のある人は、間違いを認められる

科学と付き合ううえで本当に忘れないでほしいポイントが、自分の知識や考えをアップデートしていくことです。SNSを見ていて顕著なのが、自分が絶対に正しいと信じて疑わず、人の話に耳を貸さない人たちの存在です。

誰かに何か意見をもらったときは、反射的に反論するのではなくて、確かにそうかもしれないと立ち止まって考えてみること。そして、自分が間違っていると思ったら、「間違えました、ごめんなさい」と言うことです。

自分の意見を正当化する思考にはまってしまうと、見たい情報しか見なくなって、どんどん泥沼にはまっていきます。

科学リテラシー、科学的思考力のある人とは、何もすぐに正しい答えを見つけられる人、即断ができる人ではないんですよ。**何か自分が判断を間違えたときに、それを素直に認めて修正できる人こそが、科学的思考力のある人なんです。**

やっかいなのは、感情的になってしまうことですね。間違いを指摘されて恥をかいて悔しいとか、意見を言ってきた相手が気に入らないから耳を貸さないとか。そうやって感情に振り回されると、科学リテラシーを身につけることからは遠ざかっていきます。

科学はつねにグレーゾーンにある

科学はつねにグレーなものなので、絶対にこれが正しい、絶対にこれが間違っていると簡単に白黒つけることはできません。第1章で紹介したように、iPS細胞だって最初はグレーの仮説でした。

その仮説を見た世界中の科学者たちが検証を重ねて、再現できたという結果を踏まえて、だんだん白い仮説に近づいていき、素晴らしい科学技術だと評価を得ていったわけです。

そういうふうに、グレーから始まって白になっていったり、あるいは黒になっていったり、といった科学の世界の動きを体感できるようになると、かなり科学リテラシーが身についたと言えるでしょう。

論文が出た段階では、専門家たちがSNSでつぶやいているのが流れてくる程度です。もしその中で気になるものがあれば、議論のもとになっている論文にアクセスして読んでみてもいいと思います。

少し時間が経つと、『Nature』や『Science』などの科学論文の専門雑誌の解説記事が出るようになり、さらに時間が経つと、『日経サイエンス』『子供の科学』といった一般科学雑誌にまで情報が掲載されるようになります。ここまでくると、だいぶ白い仮説に近づいてきたんだな、と判断することができます。

論文が出て専門家たちが議論しあっている段階なのか、専門誌の解説記事が出てくるような段階なのか、一般誌にも載る段階なのか。**どの媒体で出ている情報なのかを知れば、その仮説のグレー度合いもはかれるわけです。**

SNSではこういう画期的な論文が出た、という記事が流れてくることもありますが、論文が1つ出たからといって、その情報は完全に正しいんだ！　と思い込んでしまわないように。どのくらいの検証段階なのかを確認したり、SNSにいる専門家たちがどんな反応をしているかなどを見たりして、じっくり判断するようにしてください。

私たちはその分野の専門家ではないので、一から自分で考えることはもちろんできません。だから、**「その分野の専門家集団の中で認められている知識や知見」**を得ることがまず大事です。そのうえで、どんな過程を経てみんなに認められたんだろう、どんなふうに検証が行われたんだろう、と疑問をきちんと持って、自分で調べてみる、考えてみることです。

たとえば、「はじめに」でも紹介したように、メキシコで宇宙人のミイラが発見されたというニュースがありました。この見出しを見てすぐに信じたり、あるいは「あり得ない」と一蹴して記事も読まずにページを閉じたりしていては、科学リテラシーは身につきません。

記事の中で「CTスキャンをとったら、人工物を組み立てた形跡はない」「放射性炭素年代を調べたら1000年前のものであることがわかった」と検証内容が書かれていたら、誰がその調査をしたのか、どのくらい根拠として有効なのかを考えてみるんです。本当に宇宙人かもしれないし、完全なガセかもしれない。**まずはフラットな立場で情報を追っていけば、おかしなフェイクニュースに飛びつくことはなくなるはずです。**

結論ありきの情報収集をしてはいけない

ただ、情報を判断するときに難しいのは、何か数字が根拠として出されたときに、数字のトリックにだまされがちなことでしょうか。そのときに大事な視点は、「**結論ありきにならない**」ことです。初めから結論ありきで情報を集めてしまうと、その結論を補強する材料しか目に入らなくなるんです。統計学の知識もない状態でそれをやってしまうと、結論に合うように数字を解釈したり、無理にあてはめたりしてしまうわけですね。

新型コロナワクチンの効果を見るデータでも、専門家はデータを踏まえて「ワクチンが効いている」と結論づけたのに、同じ数字を見たはずの人が「ワクチンは効かない、むしろ打ったことで感染者が増えている」と主張していたこともありました。


一度結論ありきの思考が身についてしまうと、情報のアップデートもしなくなりますし、人の話にも聞く耳を持たなくなってしまいます。

たとえば、実際に私が見てきたものでいうと、国会議員や学者のような社会的地位の高い人でも、自分の専門外のことを学び続ける姿勢がなければ、とんでもない間違いを犯すことがあります。だから言わずもがなですが、私たちも結論ありきの考え方に陥らないよう、細心の注意をはらわないといけません。

けんかではなく「議論」をしよう

何よりも**「わかったつもりにならない」**ことが大切です。わかったつもりになると、明らかに間違ったことを堂々と発信してしまったり、引き返せなくなったりしてしまいます。そういう人をSNSで何人も見てきました。

科学を専門にしている人だって、分野によってはわからないことはたくさんあるものです。わからないことはわからないと認めて、すぐに反応せず、いったん自分で情報をよく調べてみたり、素直に人に聞いてみたりするべきです。

だから、活発な議論はすごく重要なんですよ。違う意見の人と議論をすると、自分がまったく想定していなかった視点を得られます。それに、人間は自分のことより他人のことのほうがよく見えるので、「この人はこういう思い込みにとらわれていそうだな」と思ったときに、もしかしたら自分も何かの思い込みに陥っているかも？と自分の身を振り返ることにもつながります。

ただ、**議論はあくまでも議論であり、けんかではありません。**どうも日本では、とくにSNSで議論をしようとすると「けんかを売られた」と感じて、どんどんけんか腰になっていくことが多いようです。

建設的に、対等に意見を交わしあうのはけんかではなく、必要な議論です。議論の中で事実関係を明らかにしていって、自分が間違ったとわかれば、すぐに認める。そして、その時点でのベストな結論を出していくことです。

科学的思考力のある人になるために、つねにフラットな目線で情報を集め、自分の中でアップデートを繰り返していきましょう。

SNSこそじっくり判断を

ここまで何度も例に出てきたように、SNSはあまりに玉石混交の世界です。ある分野の専門家の発信が気軽に読めたり、時にはコミュニケーションをとれたりする一方で、科学に関するデマやフェイクニュースが流れてもいる。その情報ネットワークの中で、役に立つ情報、正しい情報、生き残るために必要な情報を選び取る判断力が、やっぱり必要になるわけです。

コツのひとつは、**信頼できる専門家をある程度決めて、その人の発信を追っていくこと**。そのときには、これまで何度もお話ししてきたように、専門家だから正しいとすぐに決めるのではなくて、その専門家のまわりにいる人や、その人たちとのやりとり、普段からどんな発信をしているのかなど、注意深く見ることが大事です。

1回の発信で判断するのではなく、日ごろからチェックするようにしましょう。「専門家集団の大半がこの意見を支持しているな」とか「これは一見正しそうに思えるけど、ほかの専門家からの反論がかなりたくさん来ているな」とか、じっくり判断するんですね。自分の第一印象にしばられず、判断が間違っていたら修正していくことも大切です。

この人は信用できそうだと思ったら、その人のまわりの人もフォローしておくと最新情報や、正しい情報が比較的集まりやすくなりますし、フェイクニュースがあれば、注意喚起が流れてくる確率も上がります。

そうやって日ごろから専門家の発信や周辺情報にふれておくことで、自分の科学リテラシーも少しずつ高まっていくので、信頼できる情報かどうか、さらに判断する力がついていきます。

感情的な発信は信じないほうがいい

事実ではなく、自分の感情を中心に発信することが多い人は、とくに科学の世界では、情報源として信頼できない可能性が高いです。

あとは、正式な科学用語があるのに、あえて脚色された言葉を使うなどでしょうか。たとえば原発の「処理水」を「汚染水」と呼ぶ人は、処理水という統一された用語があるのに、それを非難したい気持ちを込めてわざわざ脚色した言い方をしているわけなので、これも感情的な表現といえますね。

あるいは、私も絡まれたことがあってびっくりしたのですが、人に対して「バカ」とか、罵倒するような言葉を使う人も、基本的に信じないほうがいいでしょう。

比較的正しい情報を発信している人は、感情表現や、強い言葉を使わないことが多いです。判断基準のひとつとして、参考にしてみてください。

非専門家同士で情報交換するのは危険

また、専門家でない人の発信には要注意です。専門家の発信を無視して、一般人同士で情報をやりとりしあっても、陰謀論に傾く危険性が高いのでちょっと怖いですね。

いちばん怖いのは噂話です。明確な情報源の提示がないまま、「〇〇らしいよ」という伝聞情報がまわりがちなんですね。誰が言っていたのか、それはどこに書いてあったのか、きちんと確認してみると、トンデモ情報を流す人が情報源だったり、もとの文章を見るとぜんぜん違うことを言っていたりするわけです。**伝聞情報は必ず出所を確認するようにして、それがない伝聞情報は、そもそも信じないようにしてください。**

とくに気になるのが、がん治療の民間療法でしょうか。基本的には、保険適用されているものはちゃんと治験を経て、効果が高いと検証されているわけです。それを否定して民間療法や、いわゆる先進医療と呼ばれるものに走ってしまう人は多いのですが、そういった治療の中には効くものと効かないものが当然あるので、情報の選択には注意が必要です。怪しい伝聞情報に惑わされないために、専門家の意見をきちんと吟味するようにしましょう。

専門家のSNSを見てみると、信頼できる情報ソースを発信してくれていることが多いです。**専門家が共有しているサイトのリンクを1秒かけて押して、そのあと5分間でもいいからそのサイトを読んでみましょう。**なにも内輪だけで情報を交換しあわなくても、科学的に信頼できる情報が、そこからすぐに手に入ります。

その手間をなぜか惜しむ人が多いのですが、信頼できる情報源はどこなのかを今一度考えて、その1クリックを大事にしてください。

科学リテラシーを鍛える読書術

まずは1冊、本を読む

科学の基礎知識を学び、批判的思考力を鍛えようとくりかえしお伝えしてきましたが、**もっともシンプルで効果のある方法は、本を読むことです。**

本は基本的に1人で読むものですよね。すべて自分で解釈しながら読む必要がある。動画のようにぼーっと見ていても自動的に流れていかなくて、活字をひとつひとつ追いながら考えるので、自然と自分の頭を使うんですすよ。読んでいてわからなかったら、少し前に戻ってもう一度読み直したりもしますよね。そうやって主体的に読むことができるんです。いわゆる、本との対話ですね。

時にはレベルの高い本を選んでしまって、書いてあることを全部理解し切れないこともあると思います。それでも、読書をすることで考える力が自然と育っていく。知識を身につけるだけでない効果が、本にはあるんですね。

誰かのおすすめよりも、自分にフィットするものを選ぶ

こういう話をすると「じゃあおすすめの本を教えてください」と言われるのですが、まずは自分で選んでみることが重要です。そのうえで、じっくりと考えながら主体的に読みましょう。

学校の先生とか、会社の上司とか、みんなよかれと思って「おすすめの本」「参考

図書」を教えてくれるのですが、批判的思考力を鍛えるといった観点では、それだとちょっと効果が薄くなってしまいます。

誰かに読めと言われたから読む、だと受け身になっているので、暗記をするときに近いスタンスで読んでしまうんですね。さらに、学校や研修の課題図書で読まなきゃいけないなんてことになると、途端にめんどくさくなって、ざーっと読んでしまうと。じっくり考えながら、楽しみながら読むということがなかなかできないんです。

本を選ぶときのポイントは、実際に本屋さんに行って、気になったものをパラパラめくりながら探すことです。「はじめに」や「目次」をちらっと見てみて、これは自分にも読めそうだなとか、文章がおもしろそうだなとか、自分にフィットする本を選ぶのがいい。そのとき、**あまり背伸びしないほうがいいでしょう。**

もちろん、たとえば量子力学を学びたいとして、数学の知識も使いながら本格的に理解するぞと思うなら、背伸びは必要です。ただこれはかなりハードルが高いですね。

でもそうではなくて、概要がわかればいいと思うなら、数式なしでも理解できる本はあります。新書や選書なんかでもたくさんありますね。まずは、**学ぶ目的を自分ではっきりさせることが大切です。**そうすれば、数式はあるのかないのか、化学式はあるのかないのか、判断しながら自分にあったものを選ぶことができます。

文学作品でも、お気に入りの作家の本をどんどん読んでいくことがあると思いますが、科学書でも同じように、同じ科学者の本を読んでいくやり方をしてもおもしろいと思います。

物理学でいうと、ちょっと古いのですが、リチャード・ファインマンの書いた本は有名です。ファインマンは伝説の物理学者で、量子コンピュータの原理を世界で初めて提案したといわれています。著作がたくさんあり、『ご冗談でしょう、ファインマンさん』（R．P．ファインマン著、大貫昌子 訳、岩波現代文庫）はベストセラーになりました。知っている人も多いかもしれません。本当に楽しく読めるいいエッセイです。

ファインマンは当然、エッセイだけでなく、教科書なども書いています。私はファインマンが書いた物理の教科書を解説する『「ファインマン物理学」を読む』(竹内薫著、講談社ブルーバックス)という本を書いていますが、そのようなファインマンの関連本まで広げると、本当にたくさんの本があるんです。

その中から自分で気になるもの、合いそうなものをピックアップして読んでいけば、知識やリテラシーがどんどん身についてくるはずです。

書籍である程度概要がつかめて、さらに最先端の情報が知りたいと思ったら、雑誌を読むといいでしょう。あるいは、忙しかったり疲れていたりして、単行本をしっかり読むのはちょっとしんどい気分のときってありますよね。そんなときには雑誌で気になる記事だけを読む、みたいなことをしてもいいかもしれません。

『日経サイエンス』では、現役の科学者が一般向けに解説している記事を読むことができます。専門論文レベルの内容を、一般の人が読めるように日常の言語で説明してくれるんですね。

日経サイエンスは1845年に創刊されたアメリカの科学雑誌『サイエンティフィック・アメリカン』の日本語版ですが、欧米の知識人や活躍しているビジネスパーソンは、『サイエンティフィック・アメリカン』を愛読している人が多いそうです。

他には、小学校高学年・中学生向けの『子供の科学』という雑誌が意外と充実していて、解説がしっかりしているのでおすすめです。本当にわかりやすく書かれていますし、大人が読んでもおもしろいんですよ。私も毎月読んでいます。

本以外にも方法はある

自分が今まで知らなかったテーマだと、本を読むのはなかなか大変と感じるときがありますよね。そんなときは私が昔ナビゲーターとして出演していたNHKの番組『サイエンスZERO』もおすすめです。

あの番組は半年とか1年くらいかけて、ディレクターが科学者に取材をします。民放と比べると、取材にかけている時間が圧倒的に違いますね。収録では科学者本人が出演をして話してくれますし、30分番組にもかかわらず、収録当日は打ち合わせと収録をあわせて昼12時に来て夜8時に帰るような、長い時間をかけて番組をつくっています。

そうやって丁寧につくられた番組は情報もかなり正確だし、科学的に重要な発見、発明にテーマを絞ってもいるので、科学リテラシーを身につけるのにはぴったりです。

『NHKカルチャーラジオ　科学と人間』もいいですね。私も以前、量子力学をテーマにしたシリーズで出演しました。科学者が登場して話してくれる番組なので、信頼性がありますし、科学リテラシーを気軽に育てていくにはいいでしょう。同じくNHKのラジオですが、『子ども科学電話相談』も先生たちが一生懸命に子どもの質問に答えるので、とっつきやすくていいと思います。

書店をぶらぶらし、本との出会いを探す

本屋さんでは、自分が好きなジャンルの棚に行くだけじゃなくて、全体をぶらぶらするように歩くのがおすすめです。好きな棚だけ見ていると読みたい本がすぐなくなっちゃいますし、行かない棚にも、自分がおもしろそうと思える本が眠っているはずです。「この本を探そう！」とか「この分野の本を見つけるぞ！」と考えながらだと、意外といい本には出会えないんですよ。

本屋さんで冒険に出るイメージで歩いてみて、偶然自分で発見した本を選ぶ、

そういうプロセスがあるとモチベーションにもつながりますし、本をおもしろく読め

るんですよね。

だから、科学リテラシーを身につけたいからと言って、必ずしも科学の棚だけをめざさなくていいわけです。雑誌コーナーでもいいし、科学書なのか哲学書なのかわからない、でも興味を惹かれる本なんかも出てくるはず。

人間は無意識の領域でいろいろな判断をするので、棚をぱーっと見て直感的に手に取ったものは、そのときに自分に必要な本だったりするんです。それが本とのいい出会い方だと思います。

自分の学生時代の勉強法を参考にして学ぶ

本の読み方についても、お勉強的に「1日何ページ」とか「1日何分」とかは決めずに読んでください。**理想は、読みたくなったら読む!** 1週間くらいかけてじっくりと熟読する本があってもいいし、1日でさっと読む本があってもいいです。ぜんぶ熟読しようとすると大変なので、最初の数ページを読んでみて、文章量を確認したり、実際自分がどのくらい興味を持って読めるかを判断したりして決めましょう。

あとは、1冊読んでぜんぶ理解できたり、すぐに知識が身についたりするわけではないので、2冊、3冊と読書の旅を続けることです。

いろいろ読んでいくうちに腹落ちする、自分の中でしっくりくるものです。そういった探索を続けて初めて、そのうちふっと「ああ、なんか自分の知識として血肉になったな」と思えるようになるはずです。

とは言え、おそらくそれぞれ、自分の得意なやり方、スタイルがあります。1冊を徹底的に読み込むのか、たくさんの本をつまみ食いして理解を深めるのか。

参考になるのが、「**受験勉強のときに自分がどうやって勉強していたか**」です。

1冊の参考書を繰り返し読む派だった人もいれば、繰り返し読むのは飽きるからと、どんどん新しい参考書に取り組んでいた人もいますよね。

人によってやりやすい方法が変わるので、そこは柔軟に、自分にあわせて読書スタイルを固めていくといいでしょう。


ちなみに私の場合は、たとえば相対性理論を勉強したいなと思ったら、10冊くらい乱読するイメージでしょうか。

10冊も読むなんて多いと思うかもしれませんが、何冊も同じテーマの本を読んでいると、だんだん読むのも速くなってくるんです。なぜなら、知っている部分が増えてきて、そこは読み飛ばせるから。復習をしつつも新しい情報や新しい切り口の部分を中心に読んでいけばいいので、10冊をじっくり読むほどの時間はかからないわけです。

専門論文の世界の歩き方

いわゆる入門書から読みはじめて、少しずつ難解な本に移っていくやり方もあります。まず入門書だと難しい数式もあまりないので、概要がわかります。その次にはもう少し骨のある、大学の教科書などがあります。

その先にある専門論文の世界には、なかなか踏み入る機会はないでしょう。ただ、教科書よりも詳しく知りたいと思ったら、「専門論文の概要を解説した情報」を読むことはできます。

たとえば科学誌の『Nature』では、「News & Views」という欄があって、専門論文について別の科学者が解説記事を書いています。もしどんどん深いところまで知りたくなったら、ちょっと足を伸ばしてみるのもひとつの手かなと思いますね。

ちなみに、学問として確立されている分野は、古典の名著と呼ばれるものがあるので、そちらに手を伸ばすのもいいでしょう。

ただ、古ければいい、原典だからいいというものでもなくて、たとえばニュートンが書いた書籍を読んでみても、非常にわかりにくいです。おそらく、ニュートンの時代と私たちの時代の常識が違いすぎるからでしょう。ニュートンの『プリンキピア』などを一般向けに解説した名著がたくさんあるので、そちらから選んでみてください。

一方で、**最近発展しつつある分野、とくに暗号理論や量子力学の分野は、最新情報、最新の書籍を追いましょう。**半年前に出た書籍でさえもう古い、読んでもしようがない、なんてことがざらにあるからです。

『日経サイエンス』には解説記事に対して参考文献が載っているので、解説記事を読んで最新情報の概要を知り、もっと知りたいと思ったら参考文献に載っている書籍を読む、というやり方でレベルアップしていくといいと思います。

自分にあうスタイルを見つけよう

経験上、自分の持つ知識レベルによってあう読み方は変わると思います。
私の場合30代くらいまでは、本にかなり書き込みをしながら読んでいました。重要だと思うところにマーカーをひいて、さらに重要なところにはメモ書きを入れて、なるほどと思ったところには感想を書いて、一度読んだだけではわからなかったものには印をつけて……ものすごい書き込み量でしたね。

数式が出てくる本だとたいてい誤植があるので、それを自分で修正したりもしました。だから人に見せると、「汚くて読めない」とよく言われたものです。
自分なりに書き込んで汚して、自分の本にしてしまうイメージですね。愛着もわいてくるし、数十年前に読んでいて、いまだに本棚に残しているものもあります。

でも、40代くらいからは、あまり書き込みをしなくなりました。ある程度年を重ねて学びを続けていたおかげで、ゼロから学ばないといけない機会が減ってきたからだと思います。

これまでに貯めてきた知識を使ってある程度推測したり、関連分野の知識を応用したりできるんですね。**すでに知っている情報は読み飛ばしつつ、新情報はじっくり読むなど、メリハリをつけて読むようになりました。**

最近では、電子書籍も活用しています。電子書籍のいい点は、活字の大きさを調整できること。数式や、ちょっとした記号などが見やすいんですね。最近かなり目が悪くなってしまったので、重宝しています。

みなさんも、試行錯誤をしながら、自分にあう学びのスタイルをぜひ見つけてください。

そして、まずはいい本との出会いを探すことです。自分の興味や直感にしたがって、本屋さんでの冒険を楽しみましょう。

科学リテラシーはクリエイティビティの土台にもなる

仮説検証をして新しい発見をするプロセスは、人間にしかできない

本章の冒頭では、第四次産業革命がめざましく進行し、世界が急速に変化していることと、ＡＩの進化にうまく乗っかることの重要性をお話ししました。

一方で、ＡＩの進化に脅威をおぼえる私たちは、「ＡＩにできないことは何か」、裏を返せば「人間だからこそできることは何か」という大きな問いに直面しています。

本章の最後に、科学の世界、科学リテラシーの観点から、この大きな問いのヒント

になる話を紹介していきましょう。

科学というと合理的なイメージを持つ人が多いのですが、人間が仮説を立てて、検証し、また別の仮説をつくりだしていく以上、そこには人間の思考や価値観がどうしても反映されます。そして、**人間の価値観が入り込んでいるからこそ、既存の考えにしばられない、新しい発見が生まれるのです。**

たとえば、ポール・ナースという研究者は、細胞分裂の仕組みを調べるために、「分裂酵母」の研究をしていました。分裂酵母は、動物の細胞のように細胞分裂によって増殖します。細胞分裂には周期があり、ある程度酵母が大きくなると、細胞分裂が起きます。

ポール・ナースはその中で、まだ小さいうちに細胞分裂してしまった酵母に目をつけました。通常よりも小さい酵母がたくさんあるコロニー（繁殖して目に見えるようになったかたまり）では、何か異常が起きているのではと考えたんです。その異変を起こす遺伝子を特定できれば、細胞分裂に関する知見が得られると。この、「異常が起きている部分を探せばいい」という着眼点が、画期的でした。

ポール・ナースは1949年にイギリスの労働者階級の家庭に生まれ、醸造所のテクニシャンとして働いてから研究の道に入ったという経歴の持ち主です。そういった回り道、彼の人生経験が、こうした画期的なアイデアにつながったのではないでしょうか。

また、おそらく山中教授のiPS細胞の研究も、山中教授だからこその価値観や考え方が、おおいに反映されていると思います。仕事で山中教授にインタビューをしたときに聞いたのですが、父親が町工場を経営されていて、幼いころから機械に触れ合う環境があったそうです。少年時代には、ゼンマイ式の時計を分解して遊んだこともあったとか。

そして、山中教授がiPS細胞を見つけていくプロセスは、なんだか工学的、エンジニアリング的なんですよね。

簡単に説明すると、iPS細胞はもともと、山中教授とノーベル賞を共同受賞したジョン・ガードンが立てた「細胞の核の中にはどんな細胞にもなり得るような情報が詰まっている」という仮説から始まっています。

皮膚の細胞と腸の細胞は違うけど、それは結果的に違うものになっただけであって、最初はどちらにもなる可能性があった。実際にもう皮膚の細胞と腸の細胞として分かれてしまったけど、それぞれの細胞の中には、どんな細胞にもなれたときの情報がまだあるんじゃないか、ということです。

それは世界中の科学者が知っていた仮説です。山中教授はそこでさらに、「タイムマシンみたいな形で細胞を巻き戻したら、何にでもなれる万能細胞がつくれるんじゃないか」と仮説を立て、4つの遺伝子を挿入するという方法を試したんです。

これはたまたまですが、時計を分解して遊んでいた山中教授のエピソードと、タイムマシンのように細胞を巻き戻すという話が重なって、なんだかおもしろいですよね。

ノーベル賞をとるような天才たちの斬新なアイデアは、もちろんたくさん学んで得た知識のおかげもありますが、その人の人生経験や独自の考え方、価値観が影響して生み出されているのでしょう。細胞の時間を巻き戻してみようという考えは、もはやイマジネーションの世界ですよね。

こういった仮説検証のプロセスは、ＡＩにはできないことです。

科学リテラシーを鍛えることは、自分で考える力を育てること

第四次産業革命によるＡＩの影響が、徐々に私たちの仕事や生活の中にも出てきています。ＡＩに代替されてしまう職業については頻繁に話題に上りますし、すでに説

明したように、生成ＡＩの進歩によってコンテンツ業界は、かなりの衝撃を受けています。

ただ、ＡＩによって生活がどんどん便利になっていったとしても、**最終的に残るのは人間が自分で考える部分、クリエイティブな部分です。**既存の情報を学習して動くＡＩには、まったく新しいものを生み出すことはできません。

それなのに、ＡＩが何でも考えてくれるからといってその通りにしていては、せっかく私たちが育ててきた「自分で考える力」を失うことになってしまいます。

ＡＩは現状、「意識」というものを持ちません。第1章でご紹介したように、そもそも人間の「意識」が解明できていませんから、当然、ＡＩに機能を搭載することもできないわけです。その意識や思考の部分でクリエイティビティを発揮することが、人間だからこそ、私たちだからこそ、できることなのではないでしょうか。

私はそのクリエイティビティの土台のひとつを、科学リテラシーが担うのではないかと考えています。科学リテラシーを鍛えることはすなわち、自分で考える力を育てることにつながるからです。

仮説を立て、検証するというプロセスをくりかえし、考えて続けていくこと。自分のできる範囲で、学び続けること。科学のめざましい進化を恐れるのではなく、理解しようと向き合うこと。変化が激しいこの世界の中で、自分の思考をアップデートしていくこと。

こういった姿勢は、自分の持てる知識を総動員して、正しいと思える選択肢を選び取っていくための力を育ててくれます。

もちろん、ＡＩの膨大な知識には、到底勝つことはできません。でも、**科学リテラシーを身につけることを通して「考える力」を手に入れた私たちはきっと、この第四次産業革命にゆれる世界を乗りこなしていくことができるでしょう。**

第3章のまとめ

- 科学リテラシーがあれば、何が正しくて何が正しくないのか見極められるようになる。
- 第四次産業革命からは逃れられない。うまく乗っかろう。
- 科学リテラシーは「科学の基礎知識＋科学的思考力」。
- 知識をつけるのにおすすめの分野は、①AI ②量子技術。
- 科学的思考力＝判断力は日常の中で育てることができる。
- 大事なのは自分で考えること、結論ありきにならないこと。
- 自分の知識や考えが間違っていたら、すぐにアップデートする。
- まずは1冊、本を読むことから始める。
- 科学リテラシーを鍛えれば、自分で考える力もつく。

おわりに

現代社会は、良くも悪くも科学技術で動いています。朝、目覚ましで起きて、エアコンを切って、顔を洗って、歯を磨いて、冷蔵庫から清涼飲料水を出して、電子レンジで朝食をチンして食べ、着替えて、扉の鍵を閉めて、エレベーターで降りて、駅まで歩いて交通系ICカードで電車に乗り……このすべての行為に科学技術がかかわっています。

科学技術がなかったら、朝、正確な時間に起きることもできませんし、蛇口をひねっても水は出ませんし、鍵も存在しませんし、エレベーターも電車もありません。

でも、あまりに生活に密着し過ぎているために、ふだん我々は、生活の背後に隠れている科学技術を意識しないことが多いのではないでしょうか。そして、いざ、災害が起きたり、海外での戦争が報じられたり、ワクチンを打つべき状況になったとき、急に「何が正しくて、どう判断して、行動すればいいのか」が、わからなくなってしまうのです。

ちまたにあふれるフェイクニュースの数々も、出どころをたどっていくと、ＳＮＳの信頼できない伝聞情報であったり、ちょっと怪しげな専門家らしき人物であったり（失礼！）、生成ＡＩで情報操作のためにつくられていたり……実にさまざまなパターンが存在します。

この本では、30年にわたり科学技術を「伝える」仕事をしてきたサイエンス作家が、複雑になり過ぎた科学技術社会において、どうすれば科学技術を正しく理解し、フェイクニュースに惑わされず、自分や家族の安全を確保できるのか、そのコツをお伝えしました。いかがだったでしょうか。

それではまた、どこかでお会いしましょう！

２０２４年11月　竹内薫

購入者限定特典

特別コラム
「ガリレオ裁判の裏側」

PDFを下記よりダウンロード
いただけます。
ぜひお楽しみください。

ID：discover3084
パスワード：news
URL：https://d21.co.jp/formitem/

- 「ウクライナのダム決壊、4.2 万人に洪水被害リスク　国連「生計失う」」ロイター　2023 年 6 月 8 日
  https://jp.reuters.com/article/idUSKBN2XT067/
- 「広島でデモ隊と警察が衝突、地面に押さえつけられる参加者も」BBC NEWS JAPAN　2023 年 5 月 22 日
  https://www.bbc.com/japanese/video-65668257
- 「18 歳以下の甲状腺検査 " がんと被ばくとの関連認められず "」NHK 福島 NEWS WEB　2023 年 11 月 24 日
  https://www3.nhk.or.jp/lnews/fukushima/20231124/6050024630.html
- 「大阪大学大学院医学系研究科甲状腺腫瘍研究チーム」
  https://www.med.osaka-u.ac.jp/pub/labo/www/CRT/CRT%20Home.html
- 「海外や日本で過激化する「陰謀論」信者…ドイツで政府転覆計画、日本でも影響広がる」読売新聞オンライン　2022 年 12 月 19 日
  https://www.yomiuri.co.jp/national/20221219-OYT1T50053/
- 「【解説】COP26 の焦点　平均気温の上昇「1.5 度」とは？」NHK NEWS WEB　2021 年 10 月 31 日（2024 年 11 月現在は閲覧できなくなっています）
  https://www3.nhk.or.jp/news/special/energy/focus/focus_002.html
- 『地球温暖化はなぜ起こるのか 気候モデルで探る 過去・現在・未来の地球（ブルーバックス）』真鍋淑郎 著 アンソニー・J・ブロッコリー 著　阿部彩子 訳・監修、増田耕一 訳・監修、宮本寿代 訳　講談社
- 『地球温暖化の予測は「正しい」か？――不確かな未来に科学が挑む (DOJIN 選書 20)』江守正多 著　化学同人
- 「第 3 節　インターネット上での偽・誤情報の拡散等」総務省　令和 5 年　情報通信に関する現状報告の概要
  https://www.soumu.go.jp/johotsusintokei/whitepaper/ja/r05/html/nd123120.html
- 『「原因と結果」の経済学――データから真実を見抜く思考法」』中室牧子 著、津川友介 著　ダイヤモンド社
- 『因果推論の科学「なぜ？」の問いにどう答えるか』ジューディア・パール 著、ダナ・マッケンジー 著、松尾 豊　監修・解説、夏目大 訳　文藝春秋
- 『統計でウソをつく法――数式を使わない統計学入門（ブルーバックス）』ダレル・ハフ 著、高木秀玄　訳　講談社
- 「『これは酷い』東京都、保育士ら有給取得率グラフが「印象操作」と批判……　東京都が修正」ねとらぼ
  https://nlab.itmedia.co.jp/nl/articles/2402/06/news147.html
- 「ハリウッドの脚本家と俳優のストライキが終結―AI の利用制限などに合意」独立行政法人労働政策研究・研修機構
  https://www.jil.go.jp/foreign/jihou/2023/11/usa_02.html
- 「programme for International Student Assessment (PISA) results from PISA 2018」OECD
  https://www.oecd.org/pisa/publications/PISA2018_CN_JPN.pdf
- 『日経サイエンス 2022 年 8 月号』日経サイエンス
- 『二つの文化と科学革命【新装版】』チャールズ・P・スノー 著、松井巻之助 訳　みすず書房

参考文献

- 「麻酔が効くとどうして意識がなくなるの？→内田寛治｜素朴な疑問 vs 東大」東京大学
  https://www.u-tokyo.ac.jp/focus/ja/features/z1304_00197.html
- 「華岡青洲」コトバンク
  https://kotobank.jp/word/%E8%8F%AF%E5%B2%A1%E9%9D%92%E6%B4%B2-14786
- 「モートン」コトバンク
  https://kotobank.jp/word/%E3%83%A2%E3%83%BC%E3%83%88%E3%83%B3-142585#w-1211598
- 「No.371 仏独間電力輸出入問題を解体する」京都大学大学院経済学研究科
  https://www.econ.kyoto-u.ac.jp/renewable_energy/stage2/contents/column0371.html
- 「3　不正行為が起こる背景」文部科学省　研究活動の不正行為への対応のガイドラインについて　研究活動の不正行為に関する特別委員会報告書
  https://www.mext.go.jp/b_menu/shingi/gijyutu/gijyutu12/houkoku/attach/1334663.htm
- 「論文数は世界5位維持するも最注目論文数は過去最低の12位に 科学技術指標23年版」国立研究開発法人科学技術振興機構
  https://scienceportal.jst.go.jp/newsflash/20230818_n01/
- 「MRIとは」北海道大学病院放射線部
  https://www2.huhp.hokudai.ac.jp/~houbu-w/mri.html
- 「第20回『効果なし』とは言い切れないから難しい“水素水”ブーム」薬読
  https://yakuyomi.jp/knowledge_learning/etc/03_020/
- 「水素水生成器の販売・レンタルサービスの提供事業者4社に対する景品表示法に基づく措置命令について」消費者庁
  https://www.caa.go.jp/notice/entry/023608/
- 『水からの伝言』江本勝 著　波動教育社
- 2022年11月 NHKスペシャル　超進化論　特別版（1）植物からのメッセージ　～地球を彩る驚異の世界～
  https://www.nhk.or.jp/campaign/mirai17/shinkaron_02.html　(2024年3月8日以降は閲覧できなくなっています)
- 「みんなで知ろう。考えよう。ALPS処理水のこと」経済産業省
  https://www.meti.go.jp/earthquake/nuclear/hairo_osensui/shirou_alps/no1/
- 「6.3 廃炉に向けた取組と進捗 トリチウムの年間処分量～海外との比較～」環境省　放射線による健康影響等に関する統一的な基礎資料（令和4年度版）
  https://www.env.go.jp/chemi/rhm/r4kisoshiryo/r4kiso-06-03-09.html
- 「ALPS処理水についてお伝えしたいこと」東京電力ホールディングス
  https://www.tepco.co.jp/alps_guide/
- 「遺伝子組換え食品Q＆A」厚生労働省医薬食品局食品安全部
  https://www.mhlw.go.jp/topics/idenshi/qa/qa.html
- 『新しいバイオテクノロジーで作られた食品について』厚生労働省
  https://www.mhlw.go.jp/content/11130500/000657695.pdf
- 「総合資源エネルギー調査会　原子力の自主的安全性向上に関するWG第2回会合　資料3」経済産業省
  https://www.meti.go.jp/shingikai/enecho/denryoku_gas/genshiryoku/genshiryoku_jishuteki/pdf/002_03_00.pdf
- 「大量流水の発電所、復旧工事スタート 熊本地震で破損、九電5年後運用目指す」読売新聞オンライン 2022年4月22日
  https://www.yomiuri.co.jp/local/kyushu/news/20220422-OYTNT50058/

ディスカヴァー携書
254

フェイクニュース時代の科学リテラシー超入門

発行日　2024年12月25日　第1刷

Author　竹内　薫
Book Designer　杉山健太郎

Publication　株式会社ディスカヴァー・トゥエンティワン
〒102-0093　東京都千代田区平河町2-16-1 平河町森タワー11F
TEL　03-3237-8321（代表）
FAX　03-3237-8323
https://d21.co.jp
Publisher　谷口奈緒美
Editor　橋本莉奈
Store Sales Company
佐藤昌幸　蛯原昇　古矢薫　磯部隆　北野風生　松ノ下直輝
山田諭志　鈴木雄大　小山怜那　町田加奈子
Online Store Company
飯田智樹　庄司知世　杉田彰子　森谷真一　青木翔平　阿知波淳平
井筒浩　大﨑双葉　近江花渚　副島杏南　徳間凜太郎　廣内悠理
三輪真也　八木眸　古川菜津子　斎藤悠人　高原未来子　千葉潤子
藤井多穂子　金野美穂　松浦麻恵
Publishing Company
大山聡子　大竹朝子　藤田浩芳　三谷祐一　千葉正幸　中島俊平
伊東佑真　榎本明日香　大田原恵美　小石亜季　舘瑞恵
西川なつか　野﨑竜海　野中保奈美　野村美空　橋本莉奈　林秀樹
原典宏　牧野類　村尾純司　元木優子　安永姫菜　浅野目七重
厚見アレックス太郎　神日登美　小林亜由美　陳玟萱
波塚みなみ　林佳菜
Digital Solution Company
小野航平　馮東平　宇賀神実　津野主揮　林秀規
Headquarters
川島理　小関勝則　大星多聞　田中亜紀　山中麻吏　井上竜之介
奥田千晶　小田木もも　佐藤淳基　福永友紀　俵敬子　池田望
石橋佐知子　伊藤香　伊藤由美　鈴木洋子　福田章平
藤井かおり　丸山香織

Proofreader　文字工房燦光
DTP　有限会社一企画
Printing　中央精版印刷株式会社

定価はカバーに表示してあります。本書の無断転載・複写は、著作権法上での例外を除き禁じられています。インターネット、モバイル等の電子メディアにおける無断転載ならびに第三者によるスキャンやデジタル化もこれに準じます。

乱丁・落丁本はお取り替えいたしますので、小社「不良品交換係」まで着払いでお送りください。

本書へのご意見ご感想は右記からご送信いただけます。https://d21.co.jp/inquiry/

ISBN978-4-7993-3084-5
FAKE NEWS JIDAI NO KAGAKU LITERACY CHO NYUMON by Kaoru Takeuchi
©Kaoru Takeuchi, 2024, Printed in Japan.
携書ロゴ：長坂勇司
携書フォーマット：石間淳